카르노타우루스가 초식을?

새로운 시각으로
바라보는 공룡 이야기

카르노타우루스가 초식을?

개정판

전선영 지음

좋은땅

7톤에 이르는 티라노사우루스가 두 발로 성큼성큼 뛰어 초식공룡을 뒤쫓는다. 바로 옆까지 따라붙자, 턱을 최대한 크게 벌리고 상대를 내리찍는다. 공격을 받은 공룡은 이내 피를 흘리며 쓰러진다. 사냥에 성공한 것이다. 공룡의 사냥 장면은 영화, 다큐멘터리뿐만 아니라 장난감 피규어와 유아용 책에서도 흔히 볼 수 있다. 여러 매체를 통해 티라노사우루스의 생동감 넘치는 사냥을 숨죽이고 지켜봤지만, 우리는 공룡을 실제로 본 적이 없다. 단지 화석으로만 이 거대한 동물과 조우할 뿐이다. 괴수가 현재 없다는 것에 안도감이 들면서도, 살아 있다면 실제 어떠했을지 궁금하다. 몸길이 12m, 추정 무게 7톤의 거대한 티라노사우루스에게는 너무 짧은 앞다리, 꼿꼿하게 뒤로 뻗은 굵고 긴 꼬리 그리고 근육이 발달한 단단한 뒷다리가 있었다. 다음의 질문을 하며 티라노사우루스의 움직임을 상상해 보자.

- 7톤의 거구는 얼마나 많은 양의 먹이를 먹어야 했을까?
- 7톤에 이르는 거대한 동물이 두 다리만으로 뛸 수 있을까?
- 막강한 상대 공룡과 얼마나 긴 시간 동안 사투를 벌여야 했을까?
- 7톤의 거구가 싸우다 넘어지면 그 무게와 관성을 버텨 낼 만했을까?
- 있으나 마나 한 짧은 앞다리로 재빨리 일어설 수 있었을까?
- 이빨이 어떻게 생겼기에 턱으로 내려찍을 때의 충격을 견뎠을까?
- 7톤의 거구는 얼마나 넓은 영토를 누볐을까?

• 두 다리로 서서 상반신과 하반신이 따로 움직이는 거대한 육상 동물이 과연 파충류일까?

'사람의 학명을 모르는 사람은 있어도 티라노사우루스라는 학명을 모르는 사람은 없을 것이다.'는 말이 있을 정도로 티라노사우루스는 워낙 잘 알려져 있다. '공룡' 하면 가장 먼저 떠오르는 이름이 티라노사우루스이겠지만, 대중화된 이미지는 목긴공룡의 실루엣이다. 목과 꼬리가 너무 기다란 네발동물 그림을 보면 공룡이 바로 연상된다. 세계 곳곳의 자연사박물관에는 보자마자 입이 떡 벌어지는 엄청난 크기의 목긴공룡 화석들이 있다. 높이 13m의 브라키오사우루스 화석, 전체 길이 25m의 디플로도쿠스 화석, 목 길이만 12m에 이르는 마멘키사우루스 화석은 그저 감탄스러울 뿐이다. 이런 화석들을 바라보며 더 많은 질문이 말 없는 돌들에게 던져진다.

• 저렇게 거대한 동물들은 얼마나 많은 양의 식물을 먹었을까?
• 5톤도 아니고 무려 50톤의 무게를 어떻게 지탱하며 걸었을까?
• 심장에서 6m 55㎝ 위에 있는 머리까지 얼마나 강력한 혈압으로 혈액을 뿜어 올렸을까?
• 코에서 12m나 넘게 떨어진 폐까지 들숨날숨이 어떻게 드나들며 거대한 몸집에 필요한 산소를 공급했을까?

- 거대한 동물들이 개체수를 유지하며 살 수 있었던 환경은 얼마나 풍요했을까?
- 저렇게 멋진 동물들이 왜 사라졌을까?
- 거대한 동물의 전신 화석이 형성될 수 있는 조건은 무엇일까?
- 스냅 사진처럼 역동적인 순간을 고스란히 담은 화석이 되려면 얼마나 급속히 매몰되어야 할까?
- 도대체 지구에 무슨 일이 있었던 것일까?

만약 브라키오사우루스가 살아서 도로 위를 걷는다면, 4층 건물의 옥상에 올라야 이 동물과 눈을 마주할 수 있다. SUV 차량을 타고 브라키오사우루스의 긴 다리 사이를 지날 수도 있다. 이렇게 거대한 동물들이 겪었던 격변의 현장으로 여러분을 초대한다. 이제부터 '돌들의 소리'. 화석이 그 존재 자체로서 들려주는 옛 이야기가 상상 가득 펼쳐질 것이다.

동해바다 곁에서

전선영 드림

차례

카르노타우루스가
초식을?

1842년, 영국의 빅토리아 시대 생물학자 리처드 오언이 공룡이라는 용어를 처음으로 제안했다. 오언은 그리스어로 '무서운', '놀라운'을 뜻하는 데이노스와 '도마뱀'을 뜻하는 사우로스를 붙여 '무서울 정도로 거대한 도마뱀'이라는 뜻의 데이노사우로스를 만들었다. 데이노사우로스를 그대로 번역한 것이 공룡(恐龍, Dinosauria:라틴어, Dinosaur:영어)이다.

도마뱀은 몸 옆에서 직각으로 꺾인 다리로 기어 다닌다. 다리가 몸통의 옆에 붙어 있는 모습이, 마치 두 다리 사이에 몸통이 매달려 있는 것처럼 보인다. 도마뱀이 전진하기 위해서는 몸통을 좌우로 틀어 다리를 움직여야 한다. 이때 폐가 교대로 압축, 팽창하여 한쪽 폐에서 다른 쪽 폐로 돌아가며 호흡을 하게 된다.[1] 납작하게 퍼진 도마뱀의 달리기 동작은 움직일 때마다 폐를 양옆에서 짓눌러 움직이는 동안 숨 쉬는 능력을 제한한다. 도마뱀의 허파는 부피가 크더라도 표면적이 작기 때문에, 혈액 속의 산소 농도가 작다.[2] 엎친 데 덮친 격으로 심장의 심실이 하나이므로 혈액 속 산소 부족이 가중된다. 그래서 격렬한 활동은 짧은 시간 동안 간헐적으로 이루어지고, 활동 시간의 90% 이상을 동작 없이 엎드려서 보낸다. 도마뱀은 서 있기 위한 에너지가 거의 필요하지 않다.[3]

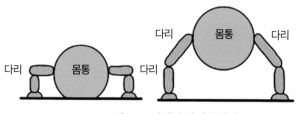

그림1-1. 도마뱀과 악어의 자세

　배를 땅에 붙이고 대부분의 시간을 평온하게 쉬고 있는 도마뱀은 변온동물이다. 항온동물은 음식물에서 생성되는 화학 에너지로 몸을 덥히지만, 변온동물은 볕이 드는 곳과 그늘을 옮겨 다니며 체온을 조절한다. 도마뱀은 햇볕에 의존해서 몸을 따뜻하게 데우고 하루 종일 몸의 위치를 세심하게 바꿔 가며 계속 쾌적한 환경에 머문다. 아침에는 최대한 많은 열을 얻기 위해 몸의 옆면으로 햇빛을 마주하고 뻗어 있다가, 한낮에 기온이 올라가면 햇볕을 적게 받도록 햇빛과 평행하게 자세를 취한다. 주위가 뜨거워지면 열기가 가실 때까지 그늘진 틈 속으로 숨기도 한다. 햇볕을 최대한 흡수하기 위해 도마뱀의 피부는 비늘로 이루어져 있다. 모든 파충류가 지닌 가장 두드러진 특징은 비늘 피부다. 비늘은 케라틴이라는 섬유단백질이 부분적으로 두꺼워진 형태이다. 얇은 부분이 경첩과 같이 서로 연결되어 연속된 상피를 이룬다.[4]

　음식물이 아닌 빛으로 체온을 유지하고, 활동량도 적은 변온동물은 항온동물보다 적게 먹고도 살아간다. 인도네시아 코모도 섬에 살고 있는 코모도왕도마뱀은 길이가 3.6m이고, 무게는 약 45kg으로 도마뱀 중 가장 크다. 이 도마뱀은 한 달 동안 새끼 돼지 한 마리에 해당하는 먹이를 먹는다.[5] 새끼 돼지의 무게가 코모도왕도마뱀의 절반 정도이므로 약 60일마다 자기 몸무게만큼의 먹이를 먹는 셈이다.[6] 한편 사자는 높은 에너지를 발생시키기 위해서 많은 양의 먹이를 먹어야 한다. 사자는 단지 8일 동안에 자기 몸무게 정도의 먹이를 먹는다.[7] 그리고 야생 들개는 자기 몸무게만큼을 먹는 데 7일이 걸린다.[8] 즉, 항온동물은 변온동물인 도마뱀이 섭취하는 먹이의 약 10배에 해당하는 많은 먹이를 먹는다는 것을 알 수 있다.

배를 지면에서 약간만 들어 올려 기어 다니는 도마뱀과는 달리, 공룡은 몸통 아래로 긴 다리가 뻗어 있다. 몸길이 22.5m, 키 13m, 추정 몸무게 50톤인 거대한 브라키오사우루스는 몸통 아래로 다리를 뻗은 반듯한 자세로 걸었다. 다리는 길고 곧은 기둥 같다. 곧게 서 있는 브라키오사우루스 화석의 갈비뼈 아래로 코끼리가 지나갈 수 있을 정도이다.[9]

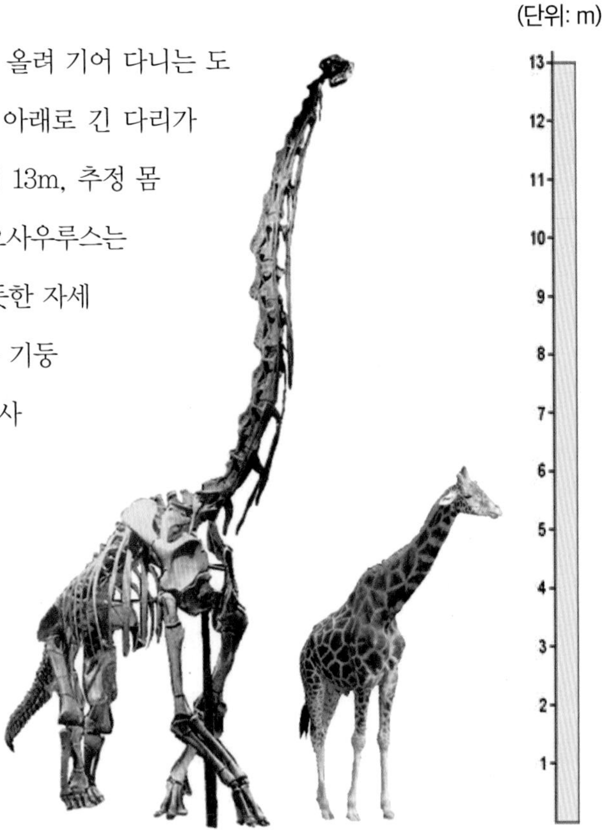

긴 다리와 거대한 몸집을 가진 대형 공룡을 복원하면서 도마뱀과 같은 자세를 시도한 적도 있었다. 하지만 대형 공룡을 도마

그림1-2. 브라키오사우루스 화석과 기린의 키 비교

뱀이 걷는 자세로 복원하려면, 깊은 흉곽 때문에 [그림1-3]처럼 땅에 움푹 파인 골을 만들어야 한다. 게다가 직각으로 꺾인 긴 다리와 발목으로는 수십 톤에 달하는 대형 공룡의 무게를 지탱할 수 없다. 이 거구가 악어나 도마뱀의 자세로 걷는다면, 한 발자국을 떼기조차 어려웠을 것이다.

한껏 세웠을 때 키가 6m인 티라노사우루스는 몸통 아래로 뻗은 뒷다리에 무게를 싣고, 몸체를 높이 들어 올려 걸었다. 뒷다리 근육이 발달하여 두 다리만으로 7톤의 무게와 활동에 따른 관성을 버텨낼 수 있었다. 이 거대한 7톤의 동물이 배를 땅에 대고 오랜 시간 쉰다면 근육과 신경을 다칠 수 있다. 티라노사우루스보다 가벼운 5~6톤의 아프리카코끼리도 한 번에 한 시간 이상 누워 있지 않는다. 자칫 육중한 체중이

가하는 압축으로 근육과 신경에 손상을 입을 수 있기 때문이다.[10] 하마나 악어처럼 물속에서 엎드리는 경우가 아니라면, 7톤의 거구가 활동 시간의 대부분을 배를 땅에 대고 쉰다는 것은 불가능한 일이다. 따라서 티라노사우루스는 일생의 대부분을 뒷다리로 서서 균형을 유지하고 있어야 한다. 몸을 바닥에 붙인 채 살아가는 파충류의 삶과는 대조적이다. 이렇게 몸 아래로 뻗은 다리를 통해 몸통을 떠받치는 것은 포유류와 조류에서 볼 수 있는 모습이다.

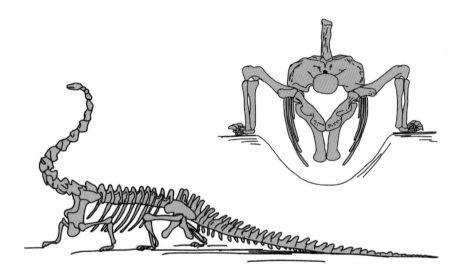

그림1-3. 대형 공룡을 도마뱀 자세로 복원한 그림(아래)과 단면도(위)

포유류와 조류는 활동 시간의 약 50~75%를 곧추선 자세로 보낸다.[11] 다리가 몸통의 옆이 아니라 밑에 있는 곧추선 자세는 활발하게 걸을 때도 양쪽 폐가 동작할 수 있다. 압박받지 않는 폐와 두 개의 방으로 분리된 심실 덕분에 빠른 신진대사에 필요한 많은 양의 산소를 늘 충분히 공급받는다. 그래서 활동 시간의 대부분을 걷고, 서 있고, 먹이를 잡고, 청소를 하는 등 활동적으로 보낸다. 높은 신진대사율과 빠른 에너지 생산 과정에서 발생된 에너지의 일부는 체온을 높고 일정하게 유지시키며, 활동하는 전 생애 동안 서 있거나 곧추선 자세로 걷는 데 이용된다.[12] 이것은 줄곧 서서 지내야

하는 티라노사우루스도 마
찬가지이다. 길고 굵은 꼬리
를 지면으로부터 3~4m 높이로
유지하며, 뒷다리로만 길어 다
녔던 티라노사우루스의 자세는
그 자체가 역동적이다.

곧추선 자세에서 다리관절과 척추를 단단하게 유
지하기 위해, 근육은 상당한 양의 에너지를 소모
한다. 단지 두 개의 뒷다리로 걷는 티라노사
우루스를 보면 몸을 떠받치는 데 많은 힘이
필요하다는 것을 바로 알 수 있다. 몸길이
12m, 몸무게 7톤을 지탱하며 몸의 균형을 잡
는 뒷다리 근육과 꼬리 및 척추에 연결된 근
육은 단순히 걷는 행동에도 많은 양의 에너
지를 사용했다. 네 개의 다리로 걷는 동물이

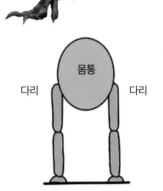

그림1-4. 티라노사우루스의 자세

라도 그 무게가 수십 톤에 달한다면 근육의 에너지 소모량이 많을 수밖에 없다. 브라
키오사우루스의 추정 무게는 50톤 이상이다. 엄청난 무게를 이기지 못하고 골격이
붕괴되는 것을 막기 위해, 이 거대한 동물의 근육은 항상 긴장 상태를 유지해야만 한
다. 긴장 상태를 유지하기 위해서는 예열이 필수다. 체온이 높아야 근육이 잘 작동한
다. 근육은 데워지지 않으면 잘 작동되지 않거나 파열의 위험이 있다. 즉, 거구들의
곧추선 자세, 자세를 유지하도록 근육에서 소비되는 에너지 그리고 활발한 움직임은
에너지 소모율이 높기 때문에 빠른 신진대사와 높고 일정한 체온이 없이는 불가능하
다.

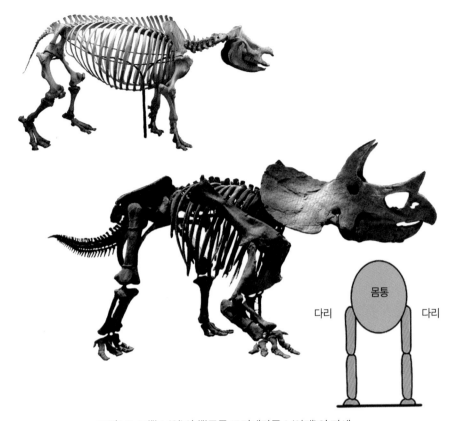

그림1-5. 코뿔소(위)와 뿔공룡 트리케라톱스(아래)의 자세

뼈를 통해서도 신진대사의 정도를 알 수 있다. 포유류 및 조류는 활동을 많이 하는 근육에 영양분을 주고받기 위해서 뼈 속을 통과하는 혈관의 수효가 많고 빽빽이 밀집해 있다. 그러나 파충류는 뼈 속을 통과하는 혈관의 수효가 적고 드문드문하기 때문에 칼슘의 교환 속도가 제한되어 활발한 움직임을 지속할 수 없다.[13] 현존하는 동물들의 뼈를 얇게 잘라 만든 표본과 공룡의 뼈 화석 단면을 비교했을 때, 하버스관의 수가 공룡과 포유류 사이에는 차이가 거의 없지만 공룡과 파충류, 양서류 사이에는 뚜렷하게 차이 나는 것을 확인할 수 있었다.[14] 하버스관은 뼈 속을 구성하고 있는 단단한 뼈 조직이며, 신경과 혈관이 통과하는 통로로서 뼈와 혈액 사이에 칼슘의 교환을 통제한다. 공룡 뼈 화석의 부러진 단면에서 수많은 구멍을 볼 수 있다. 이것이 하버

스관으로 공룡 화석의 감별 기준이 된다. 곧추선 자세로 활발하게 움직이는 거대한 공룡은 포유류와 조류처럼 산소와 영양분의 원활한 공급이 필요했던 것이다.

일정한 체온을 유지하는 동물들은 그 몸집이 커질수록, 외부로 빠져나가는 열에 비해 발생하는 열의 증가분이 훨씬 더 낳다. 그래서 코끼리, 코뿔소와 같은 대형 육상 동물의 경우, 체열을 식히기 위해 진흙 마사지나 물놀이를 즐기며, 이에 알맞은 우둘투둘한 피부를 갖고 있다. 형태가 떠져 사암에 보존된 하드로사우루스의 피부 화석은 현재 살아 있는 대형 육상 동물처럼 체열을 식히기에 적당한 피부였음을 보여 준다. 또한, 작은 타일무늬를 모아 붙인 것 같은 피부 화석을 클로즈업해서 보면 비늘이 없는 것을 확인할 수 있다.[15]

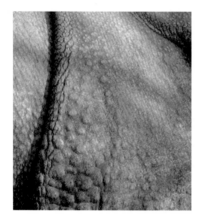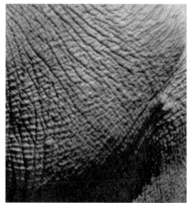

그림1-6. 코뿔소 피부(왼쪽)와 코끼리 피부(오른쪽)

대부분의 포유류는 털이 있어서 추운 날씨에도 따뜻하게 몸을 보호할 수 있고, 더워지면 땀을 흘리거나 숨을 헐떡이는 방법으로 스스로 체온을 조절한다. 일반적으로 항온동물의 털은 공기의 흐름을 막아 체온을 유지하는 단열층을 형성한다. 항온동물은 몸에 털을 걸침으로써 외부 온도의 영향을 차단해 자력으로 발열량을 줄여 에너지를 절약한다. 때로는 털을 이용해 체열을 낮출 수도 있다. 털의 밀도가 어느 정도 이하로 떨어지게 되면 보온 효과는 사라지고 오히려 열을 발산한다. 코끼리는 듬성듬성 나 있는 빳빳한 털을 이용해 몸의 온도를 낮춘다. 코끼리의 털은 평균적으로 지름 0.5㎜, 길이 20㎝이며 아프리카코끼리보다 아시아코끼리의 털이 더 길다. 가늘고 뾰족한 털의 끝부분이 피부로 인해 공기 흐름이 막히는 털 밑 부분보다 공기 속도가 빠르기 때문에 열을 바깥으로 뿜어내는 통로 구실을 한다. 코끼리의 털은 기온이 높고 바람이 없을 때 체열을 낮추는 효과가 뛰어나다.

▲하드로사우루스의 피부 화석   ▲대형 사족보행 공룡의 피부 화석

그림1-7. 공룡의 피부 화석

공룡에게도 털이 있었다. 유티라누스 후알리(Yutyrannus huali, 아름다운 깃털을 가진 폭군)는 티라노사우루스류에 속하는 몸길이 9m의 대형 이족보행 공룡이다. 중국 랴오닝성에서 발굴된 유티라누스 후알리의 뼈 주위에는 가늘고 긴 섬유 모양의 털 흔적이 있다.[16] 빳빳한 털 흔적이 거의 온몸에서 발견되며 특히 뒷머리의 털은 길어서 20㎝ 정도이다.[17] 티라노사우루스류의 대형 이족보행 공룡도 털을 이용해 적절한 체온을 유지한 것이다.

[그림1-8]은 **테리지노사우루스류**[1]에 속하는 베이피아오사우루스 화석이다. 중국 랴오닝성에서 발견되었고 전체 몸길이는 2.2m 정도로 테리지노사우루스류 중에서는 비교적 작은 편이다. 몸 전체가 가는 실처럼 생긴 섬유들로 덮여 있는데, 특히 목 주변에 뚜렷한 갈기가 보인다. 털의 길이는 약 5㎝이고 긴 것은 7㎝ 정도 된다.

풍성한 털

풍성한 털

그림1-8. 베이피아오사우루스 화석

앞서 살펴본 공룡의 곧추선 자세, 활발한 움직임, 엄청난 무게를 지탱하기 위해 근육에서 소모되는 에너지, 맥관계가 발달된 뼈 그리고 빳빳한 털 흔적이 의미하는 것은 무엇일까?

공룡은 **항온동물**이다. 활동 시간의 50~75%를 곧추선 자세로 활발하게 움직이는

---

1)   **테리지노사우루스:** 앞발톱이 매우 긴 이족보행 공룡으로, 두개골이 작고 이빨은 작거나 없다. 「제8장 – 과학 노트 〈8〉 앞발톱」 참조

포유류, 조류와 같은 동물들은 항상 에너지가 필요하므로 몸의 내부에서 열을 발생시킨다. 근육은 강력한 힘을 낼수록, 그런 활동을 위해 더 나은 산소 및 양분의 공급이 필요하다. 몸통 아래로 뻗은 네 다리 혹은 두 다리로 곧추서 있었던 대형 공룡도 근육의 에너지 소모를 채울 수 있는 충분한 산소와 영양분이 필요한 항온동물이었다. 공룡의 피부는 털로 덮여 있었다. 몸의 온도를 일정하게 유지해 주는 털이 있다는 것만큼 온혈성을 확실히 보여 주는 증거는 없다. 따라서 이 책에서는 대형 공룡을 도마뱀이나 악어와 같은 변온동물이 아닌 코끼리, 기린과 같은 대형 항온동물과 비교하여 분석할 것이다.

과학노트 〈1〉
파충류

조류와 포유류는 이동 반경이 넓다. 오랜 기간 비행이나 주행을 유지할 수 있는 이유는 날거나 뛰면서 숨을 쉴 수 있기 때문이다. 반면, 파충류는 보다 완만한 속도로 삶을 살고, 격렬한 활동은 짧은 시간 동안 간헐적으로 이루어진다. 이때만큼은 파충류도 매우 빠르다. 그러나 파충류는 뛰는 동안 숨을 쉴 수 없다(목을 펌프질해서 호흡량을 늘리는 왕도마뱀은 예외다).[18] 숨은 매번 발걸음 사이에서 쉰다. 이는 사지를 양옆으로 뻗고 허우적거리는 걸음걸이 때문이다. 파충류(爬蟲類)란 '파행(爬行)하는(기어 다니는) 벌레(작은 동물)'라는 뜻이다. 도마뱀처럼 다리가 옆으로 뻗은 채로 뛰면 양옆으로 물결치며 흔들리는 충격이 폐와 흉곽으로 전해져 들숨을 방해한다. 왼쪽 다리가 전진하면, 오른쪽 가슴과 그 안의 폐가 눌린다. 다음 발걸음을 떼면 이것이 반전된다. 이렇게 엉거주춤한 자세로 지그재그 걸으면서 폐가 압박될 뿐만 아니라, 파충류의 근육 자체가 유산소성 이동능력을 약하게 한다. 파충류의 근육에는 항온동물의 근육보다 산소를 이용해서 사용 가능한 에너지를 만드는 미토콘드리아의 수가 더 적다.[19] 파충류는 산소를 연료로 쓰는 근섬유가 더 적고, 무산소 방식으로 연료를 얻는 종류의 근육이 더 많다. 그 결과 파충류가 뛰어난 단거리 선수이긴 해도 산소를 바탕으로 하는 지구력은 극도로 형편없다. 파충류 집단에서 마라톤 선수는 아예 없고 장거리 주자도 그다지 많지 않다. 파충류와 양서류가 매복해서 사냥하는 것도 같은 이유에서다. 이들은 먹이를 들이받지 않는다. 달리기 면에서 최고인 코모도왕도마뱀도 먹이를 공격할 때 고작 9m밖에 질주하지 않는다.[20]

말, 치타는 한 걸음마다 한 번씩 숨을 쉰다. 이들의 사지는 몸통 바로 밑에 있다. 포유류의 등뼈는 달리는 동안 아래로 약간 굽었다가 똑바로 펴지며, 이 가벼운 상하 활운동이 공기를 들이쉬고 내쉬는 것과 조화를 이룬다.[21] 그리고 횡경막이라는 강력한 근육 한 벌이 훨씬 더 힘차게 공기를 들이쉬고 내쉬게 한다. 횡경막은 뱀, 도마뱀, 또는 새에게는 없다. 악어에게는 예외적으로 횡경막이 있는데 포유류의 횡경막과는 다소 다르다. 그것은 근육은 아니지만 간에 붙어 있고, 이 간과 횡경막의 움직임이 골반에 붙어 있는 근육과 함께 피스톤처럼 작용해 폐를 부풀린다.[22]

조류와 포유류는 둘 다 심장에 방이 네 개, 즉 2심방 2심실이다. 방이 네 개인 체계에서는 폐로부터 산소를 공급 받아 심장으로 들어가는 혈액과 몸의 다른 곳에서부터 심장으로 들어가는 정맥혈이 결코 섞이지 않는다. 하지만 방이 세 개인 심장에서는 섞일 수 있으므로 호흡계의 효율과 산소 전달 능력이 떨어진다. 많은 파충류와 모든 양서류가 방이 세 개인 심장을 사용한다. 도마뱀은 뛰는 동안 숨을 쉬지 않으며, 따라서 혈액을 폐로 펌프질하게 될 심장의 네 번째 방은 군더더기다. 단, 도마뱀이 활동을 멈추었을 때 혈액에 산소를 다시 공급하는 데 시간이 더 오래 걸리는 대가를 치러야 한다.[23]

모든 현생 포유류와 조류는 항온동물로서 포유류에게는 털이 있고, 조류에게는 깃털이 있다. 반면, 모든 현생 파충류가 변온동물로서 털도 깃털도 없다. 털과 깃털은 단열재로서 주위 온도와 무관하게 일정한 체온을 유지시켜 준다. 단열은 양날의 검이다. 단열이 되면 신진대사의 열을 유지하는 능력이 강해지지만, 주변 환경에서 열을 흡수하는 능력이 저해된다. 그래서 변온동물에게는 털이 없다. 이들에게는 열 흡수용 비늘이 있다. 많은 변온동물이 주변에서 열을 흡수하기 위해서 특별한 자세를 취한다. 이것을 일광욕이라고 부른다. 일광욕을 못한 변온동물이 전날 저녁부터 차가운 아침까지 아직 꾸물거리고 있을 때 항온동물은 이미, 그것도 빠르게 움직인다. 온혈성의 분명한 이점은 주위의 온도에 상관없이 최대의 효과를 발휘할 태세를 항상 갖추고 있다는 것이다. 체온을 일정하게 유지하기 위해서는 몸을 이루는 각 세포가 끊임없이 에너지를 공급받아 화학반응을 돌려야 한다. 그만큼 많이 먹어야 하고 충분한 산소가 필요하다. 따라서 포유류와 조류는 깨어 있는 시간의 대부분을 먹을 것을 찾아다니는데 보내지만, 파충류는 느긋하게 일광욕을 즐긴다. 파충류의 음식 섭취량은 매우 경제적이다. 변온동물은 항온동물과 비교하면 약 10분의 1만큼을 먹고, 그만큼의 에너지를 사용한다. 에너지 소비량이 적다는 것은 식사에서 섭취하는 에너지량이 적어도 괜찮다는 것을 의미하고, 그런 생물은 조금밖에 먹지 않아도 살아갈 수 있다.

그림2-1. 브라키오사우루스와 기린, 아프리카코끼리의 크기 비교

(단위: m)

현재 살아 있는 육상 동물들 중에 가장 무거운 동물은 아프리카코끼리이다. 아프리카코끼리의 무게는 5~6톤에 이른다. 현존하는 최대 육상 동물이라도 대형 사족보행 공룡에 비하면 아주 작다. 뼈대를 통해 공룡의 몸무게를 추정해 볼 때, 아파토사우루스의 추정 몸무게는 28톤으로 아프리카코끼리의 약 5배이다. [그림2-1]을 보며 대략 짐작할 수 있듯, 브라키오사우루스의 추정 몸무게는 50톤이다. 아프리카코끼리보다 무려 10배나 더 무거운 것이다. 이렇게 큰 몸집은 많은 먹이를 필요로 한다.

아프리카코끼리는 날마다 자기 몸무게의 3%가 넘는 식물을 먹기 위해 하루 24시간 중 75~80%를 소비한다.[24] 즉, 매일 약 18시간 동안 150㎏ 이상의 식물을 먹는다. 초식 포유동물의 경우, 몸무게에 따른 음식섭취 필요량이 3분의 2의 거듭제곱 비율로 증가한다.[25] 공룡이 포유류 수준의 물질대사 체계를 지니고 있었다면 이들의 음식섭취 필요량은 코끼리의 음식섭취 필요량에 일정 비례가 더해진 수준일 것이다.[26] 쉽게 비교하기 위해 몸무게 증가분의 2분의 1의 거듭제곱으로 계산해 보면, 아파토사우루스는 코끼리가 먹는 양의 2배 조금 넘는 양을, 브라키오사우루스는 3배 정도의 양을 먹어야 했을 것이다. 그런데 브라키오사우루스는 몸집에 비해 매우 작은 머리를 갖고 있다. 몸길이 22.5m, 키 13m인 브라키오사우루스의 머리 길이가 오늘날의 대형 육상 동물들의 머리 길이와 별반 다르지 않다. 거구의 머리는 단지 말머리보다 조금 더 긴 75㎝ 정도이다.[27] 코끼리가 매일 18시간 동안 먹는데, 몸길이에 비해 턱없이 작은 턱을 가진 브라키오사우루스는 50톤의 몸집에서 필요로 하는 식물을 어떻게 하루 만에 먹었을까?

그림2-2. 매머드 어금니 화석(왼쪽)과 코끼리 어금니 화석(오른쪽)

초식 포유동물은 어금니를 갖는다. 표면이 넓은 어금니는 식물을 갈도록 특수화되어 있다. 턱을 좌우 또는 앞뒤로 움직여 음식물을 씹는 동안 어금니가 식물을 잘게 부수고 갈아서 소화 장소로 넘긴다. 하루 중 대부분의 시간을 먹는 일에 소비하는 코끼리에게 있어서 치아의 마모는 아주 절박하고 심각한 문제이다. 코끼리는 위, 아래 턱에 각각 두 개씩의 커다란 어금니를 가지고 있다. 여러 개의 법랑질과 상아질 구조가 합쳐져서 마치 맷돌과 같은 하나의 커다란 덩어리로 된 어금니를 협치라고 한다. 코끼리는 여섯 개의 협치를 가지고 평생을 보내는데, 기능을 하는 것은 항상 두 개의 협치이다. 먼저 나온 협치가 마모되면, 뒤쪽의 치조골 속에 있던 새로운 이빨이 앞으로 자라 나오면서 마모된 이빨을 밀어 떨어뜨리게 된다.

대형 사족보행 공룡의 이빨은 앞니, 송곳니, 어금니 등의 구분 없이 동일한 형태이다. 넓은 표면의 어금니가 없는 대형 공룡은 식물을 잘게 갈 수 없었다. 하지만 시간을 들여 잘게 갈 수 없는 이빨이기 때문에 오히려 많은 양의 식물을 처리하는 것이 가능했다. 거대 공룡의 독특한 이빨들은 많은 양의 식물을 베거나 훑어서 뱃속으로 조달하는 데 적합하였다. 대형 사족보행 공룡을 비롯해 다양한 공룡들의 이빨을 자세히 들여다보자.

1. 대형 사족보행 공룡의 이빨(몸길이 20m 내외)

❶ 브라키오사우루스

전체 길이 22.5m, 몸무게 50톤에 이르는 브라키오사우루스는 가장 큰 공룡 가운데 하나이다. 거대한 몸집과 높이 세운 긴 목이 특징이며 꼬리의 길이는 상대적으로 짧은 편이다. 대부분의 목긴공룡이 긴 목과 긴 꼬리를 앞, 뒤로 뻗고 있는 것에 반해, 브라키오사우루스는 긴 목을 세워 지면에서 13m 이상의 높이에 머리를 들어 올렸다. 목을 이루는 경추골을 따라 가시돌기가 길게 늘어서 있어, 근육이 단단하게 부착될 수 있었다. 세워진 긴 목의 무게를 지탱하기 위해 앞다리가 뒷다리보다 길어서 어깨부터 엉덩이 쪽으로 점차 낮아진다. 자그마치 50톤의 무게를 지탱하였던 다리와 발목은 기둥같이 곧게 뻗어 있다. 코끼리의 흉곽처럼 브라키오사우루스도 흉곽의 폭이 매우 좁으면서 속으로 깊게 발달하여 식물이 가늑한 소화 기관과 여러 장기들을 보호하였다.

브라키오사우루스의 두개골은 전체 몸길이에 비해 너무 작다. 두개골의 길이가 75㎝이며 둥근 지붕 모양이다. 커다란 콧구멍이 정수리 쪽에 있고 빈 공간이 많아 두개골이 가볍게 보인다. 긴 주둥이에는 식물을 훑어내고 자르기에 적합한 끌 모양의 커다란 이빨이 있다. 이빨은 턱의 어느 부분에 있든지 상관없이 동일한 모양이다. 커다란 끌 같은 이빨의 예리한 날 부분으로 나뭇잎을 베어 삼켰기 때문에, 몸집에 비해 턱이 작았지만 코끼리가 먹는 양의 3배 넘는 식사량을 하루 안에 먹을 수 있었다.

눈　　　　코

▲브라키오사우루스의 두개골

▲브라키오사우루스의 이빨

그림2-3. 브라키오사우루스 화석

❷ 디플로도쿠스

채찍 같은 꼬리를 포함하여 전체 몸길이가 25m인 디플로도쿠스는 완전한 골격 화석이 발견된 공룡 중에서 가장 길다. 15개의 경추로 이루어진 목은 매우 길고 상대적으로 짧은 몸통이 10개의 척추로 구성되어 있다. 목과 몸통 부위의 척추 윗부분이 V자로 갈라져 있으며 이곳에 근육이 붙어 긴 목을 안정적으로 지지하였다. 꼬리는 80개 이상의 미추로 연결되어 있고, 끝으로 가면서 아주 가늘어져 채찍처럼 보인다.

디플로도쿠스는 그 정도 크기의 동물로서는 머리가 놀랍도록 작다. [그림2-4]에서 볼 수 있듯, 머리 측면의 훨씬 뒤쪽에 눈이 있고, 코는 기묘하게도 머리의 바로 위, 대략 두 눈 사이에 위치한다. 이빨은 앞 주둥이에만 촘촘하게 뭉쳐서 나 있다. 길쭉하게 생긴 이빨을 마치 갈퀴처럼 사용하여 가지에서 잎을 긁어모았을 것이다. 디플로도쿠스는 긴 목이 닿은 범위에 있는 식물을 쓸어 담듯 먹으며 15톤 이상의 거대한 몸집을 유지할 수 있었다.

그림2-4. 디플로도쿠스 화석

눈   코

▲디플로도쿠스의 두개골

❸ 카마라사우루스

전체 길이 18m의 카마라사우루스는 대형 사족보행 공룡치고 체구가 작은 편이다. 목 길이도 조금 짧아서 얼핏 보면 땅딸막한 브라키오사우루스 같다. 네 다리의 골격이 모두 튼튼하고 길며, 앞다리와 뒷다리의 길이가 거의 같으므로, 몸통을 지면에 대해 수평이 되도록 높게 세워 걸었다. 그리고 네 다리 사이, 흉부와 복부의 큰 공간을 흉부늑골이 길게 뻗어 감싸고 있다.

두개골에 있는 여러 창들이 아주 커서 머리의 무게를 크게 줄였다. 앞쪽에 있는 커다란 구멍은 콧구멍이다. 큰 콧구멍의 넓은 비강으로 체열을 식히고, 한 번에 많은 양의 공기를 들이마셔서 긴 목으로도 호흡을 원활히 할 수 있었다. 턱에는 끝이 날카로운 끌 모양의 커다란 이빨이 촘촘하게 나 있다. 이빨 한 개가 16cm에 이른다. 숟가락처럼 한쪽 면이 움푹 들어간 단단한 이빨을 이용해 질긴 나뭇가지도 거뜬히 뜯어내었을 것이다. 또한 목을 이루는 12개의 경추가 견고하게 융합되어 유연성은 떨어지지만 단단한 식물을 강하게 뜯어낼 때의 충격을 견딜 수 있었다. 카마라사우루스는 견고한 목과 단단한 이빨을 사용하여, 길고 가느다란 치아를 가진 다른 목긴공룡들이 먹을 수 없는 다양한 식물을 섭취할 수 있었다.

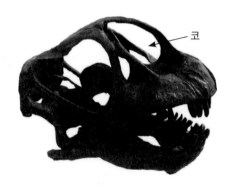

▲카마라사우루스의 이빨

그림2-5. 카마라사우루스의 두개골 화석

2. 중형급 공룡의 이빨(몸길이 10m 내외)

❶ 이구아노돈

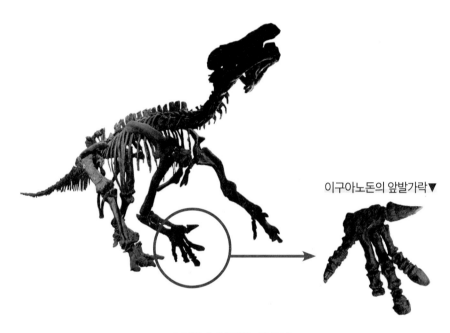

이구아노돈의 앞발가락▼

그림2-6. 이구아노돈 화석

1878년 벨기에 베르니사르 지방의 한 탄광에서 38개체의 이구아노돈 화석을 발견한 이후, 130톤이 넘는 이 골격 표본들은 자세히 연구되었다. 몸길이는 8~12m이며 뒷다리가 튼튼하고, 무거운 몸을 지탱하기 위해 뒷발의 폭이 넓다. 이족보행과 사족보행이 모두 가능할 만큼 어깨와 앞다리가 잘 발달하였다. 5개의 앞발가락 중 첫째 발가락, 엄지가 꽤 날카롭다. 스파이크 모양의 엄지발가락으로 단단한 껍질을 깨거나 얇은 나무를 찍어 쪼갤 수 있었다.

70cm에 이르는 두개골의 길게 뻗은 콧등과 아래턱 앞으로 나온 U자형 뼈가 돋보인

다. '프레덴타리'라는 U자형 뼈는 단단하고 넓적한 부리를 이룬다. 부리에는 이빨이 없고, 턱 안쪽에 약 100개의 이빨들이 겹겹이 줄을 이루며 촘촘하게 이어져 하나의 연속된 칼날을 형성한다. 턱을 닫으면 줄지어 나 있는 위아래 이빨들이 일제히 맞물리며 식물을 잘게 썰 수 있었다. [그림2-7]에서 볼 수 있듯, 두꺼운 에나멜질로 덮여 있는 각각의 이빨마다 중앙에 두 줄의 굵은 선이 위에서 아래로 파져 있고, 이빨의 양쪽 가장자리를 따라 톱니 같은 돌기가 늘어서 있다. 이빨의 테두리에 있는 많은 톱니날은 식물을 잘게 찢는 기능을 했다.

그림2-7. 이구아노돈류의 이빨 화석

이구아노돈은 뒷다리로 지탱하고 서서 앞다리를 자유롭게 사용할 수 있었다. 앞발의 스파이크 모양 엄지발톱으로 단단한 껍질을 뚫고 과육을 즐겼을 것이다. 그리고 나뭇가지를 끌어당겨 단단한 부리를 이용해 끊으면, 턱 안쪽에서 톱니 모양의 돌기가 돋은 이빨들이 서로 맞물려져 많은 나뭇잎을 잘게 잘랐다. 이구아노돈은 이족

▲이구아노돈의 이빨 화석

보행을 할 정도로 활동성 있는 체형과 덩치에 걸맞게 충분한 양의 식물을 섭취할 수 있었다.

❷ 에드몬토사우루스

턱의 앞부분이 오리의 폭넓은 부리와 닮은 공룡류를 오리주둥이공룡(하드로사우루스)이라고 부른다. 에드몬토사우루스는 오리주둥이공룡 중에서도 몸집이 큰 편이다. 전체 길이가 13m에 이르고, 긴 꼬리는 몸의 앞부분과 균형을 이루며 곧게 뻗어 있다. 앞다리가 뒷다리보다 얇고 짧아 네 다리로 걸을 때 어깨 부분이 밑으로 내려간 굽은 자세가 된다. 주로 사족보행을 했지만 [그림2-8]처럼 뒷다리만으로 서는 것도 가능했다.

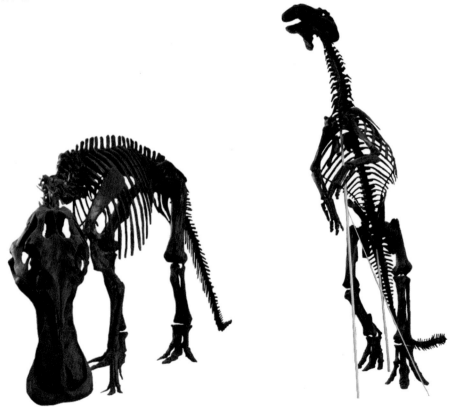

그림2-8. 에드몬토사우루스 화석

넓적한 부리에는 이빨이 없고, 볼 부분 안쪽에 자그마치 1,000여 개의 마름모꼴 이빨이 빼곡히 심겨 있다. [그림2-9]에서 볼 수 있듯, 양쪽 턱에 어금니가 여러 줄로 능선처럼 나 있어서 먹이를 갈기 좋게 널찍한 면이 형성되었다. 이런 형태를 '치판'이라 부른다. 치판을 구성하는 각각의 이빨들은 에나멜층으로 싸여 있는데 중앙이 세로 방향으로 융기되어 있으며, 전체적으로 다이아몬드 형태를 하고 있다. 새로운 이빨이 아래서 자라나와 닳아 버린 낡은 이빨을 대체했기 때문에 이 치열은 끊임없이 새로 교체되었다. 에드몬토사우루스는 하나로 이어진 이빨들을 줄칼처럼 서로 맞비빔으로써 단단한 식물이나 목질의 조직을 완전히 짓이길 수 있었다.

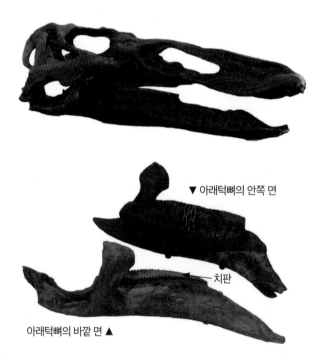

▼ 아래턱뼈의 안쪽 면

치판

아래턱뼈의 바깥 면 ▲

그림2-9. 에드몬토사우루스의 두개골(위)과 치판(아래)

❸ 플라테오사우루스

플라테오사우루스는 뒷다리만으로 또는 네 다리로 섰으며, 긴 목과 긴 앞다리를 이용해 넓은 범위의 먹이를 찾아 먹었다. 앞발에는 폭이 큰 낫과 같은 발톱이 있어서 나뭇가지를 손쉽게 당길 수 있었다.

전체 몸길이 8m에 비해 두개골이 상당히 작다. 턱 안에는 작은 이빨이 빼곡하게 나 있다. 이빨의 모양이 하나같이 모두 같고, 가장자리를 따라 톱니형 돌기가 돋아 있다. 치관 가장자리가 거친 톱니 모양으로 되어 있는 납작한 형태의 이빨은 식물을 찢어내어 잘게 써는 데 효율적이다. 플라테오사우루스는 거칠고 톱니처럼 까칠까칠한 부분이 있는 납작한 이빨로 많은 식물을 당겨 찢으면서 잘게 썰었기 때문에, 작은 턱으로도 충분한 식물을 섭취할 수 있었다.

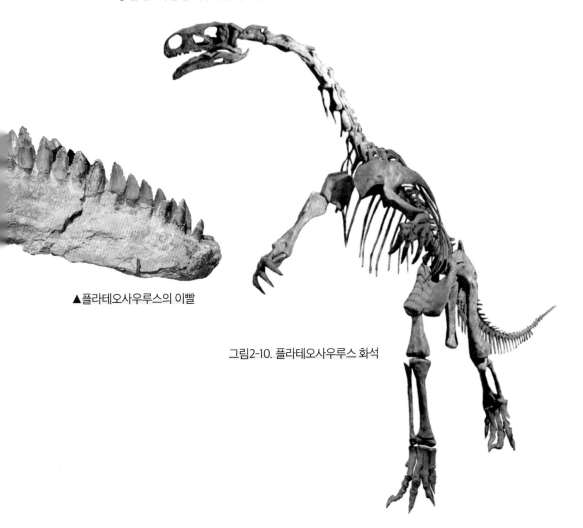

▲ 플라테오사우루스의 이빨

그림2-10. 플라테오사우루스 화석

❹ 파키케팔로사우루스

그림2-11. 파키케팔로사우루스 화석

파키케팔로사우루스는 뒷다리만으로 걸었으며 뻣뻣하고 긴 꼬리를 이용해 균형을 잡았다. 몸길이가 5m이고 날렵한 체형에 걸맞게 활동량이 많았을 것이다. [그림 2-11]에서 볼 수 있듯, 두개골이 두껍다. 봉긋하고 둥근 돔형의 정수리는 그 두께가 무려 25㎝에 이르고 특별한 공간 없이 단단한 뼈로 채워져 있다. 돔 주위로 두개골 전반에 오돌토돌한 돌기와 뾰족한 가시들이 솟아 있는데, 개체에 따라 다양한 크기와 모양을 갖는다.

한 줄로 배열된 작은 이빨들은 형태가 매우 독특하다. 칼처럼 휘고 납작하며 가장자리를 따라 거칠한 톱니같이 생긴 돌기가 돋아 있다.[28] 가장자리를 따라 돌기가 있는 납작한 이빨은 식물을 베어 내며 잘게 자르기에 효율적이다. 파키케팔로사우루스는 톱과도 혹은 스테이크용 칼 같은 이빨로 많은 양의 식물을 잘게 베어 먹을 수 있었다.

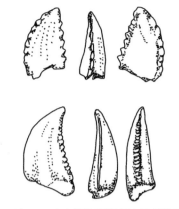

그림2-12. 파키케팔로사우루스류 이빨 그림

❺ 트리케라톱스

그림2-13. 트리케라톱스 화석

트리케라톱스는 커다란 머리, 드럼통 같은 몸매, 뒤통수에 부채처럼 펼쳐진 얇은 뼈판, 양 눈과 코 위에 돋아난 세 개의 뿔 덕분에 다른 공룡들과 확연히 구분된다. 최대 2m나 되는 머리뼈는 크고 장식이 많아 450kg에 이른다. 그 정도 머리 크기에 상응하는 전체 몸길이는 9m, 몸무게는 6톤으로 추정된다. 극단적으로 무거운 머리 때문에 목 근육이 강하게 발달하였고, 가만히 서 있을 때조차도 상당한 무게를 견뎌야 하는 앞다리는 약간 굽어 있다.

트리케라톱스는 단단하고 뾰족한 부리 모양의 턱을 갖고 있다. 주둥이 뼈가 위턱 끝에서 안쪽으로 굽으며 자랐고, 아래턱 앞으로 뾰족한 V자형의 뼈가 나와 위아래 맞물리는 강력한 부리

그림2-14. 트리케라톱스의 아래턱뼈 안쪽

를 이룬다. 부리의 가장자리가 매우 날카로워서 키 작은 식물들의 가지를 싹둑싹둑 자를 수 있었다. 길고 좁은 턱의 안쪽에 최대 800개에 이르는 이빨이 나 있다. 빼곡히 줄지어 있는 이빨들은 [그림2-14]에서 볼 수 있듯, 일종의 치주를 형성한다. 마모된 이빨은 밑에 있는 이빨이 올라오면서 빠지게 되고 새로운 이빨이 그 자리를 대신한다. 각각의 이빨은 수직으로 자르는 날 같은 형태이며 모서리가 다수의 가는 알갱이로 덮여 있다. 턱을 위아래로 움직이면 날선 이빨들이 가윗날처럼 서로 교차하며 입안에 있는 식물을 마치 종이분쇄기에 들어간 종이처럼 잘게 갈아 한꺼번에 많은 양의 식물을 처리할 수 있었다.

트리케라톱스로 대표되는 뿔공룡의 특징은 날카로운 부리, 커다란 깃장식 그리고 뿔이다. 뿔공룡은 깃장식의 형태와 뿔 모양에 따라 다양한 무리로 분류된다. 커다란 눈위뿔과 코 위에 작은 뿔이 하나 있는 트리케라톱스, 커다란 눈위뿔과 코뿔, 볼에 2개의 뿔까지 총 5개의 뿔이 솟은 펜타케라톱스, 콧등에 하나의 코뿔과 깃장식에 여러 개의 방사형 뿔이 달린 스티라코사우루스, 커다란 눈위뿔과 작은 코뿔, 깃장식에 작은 창을 가진 토로사우루스, 코뿔과 눈위뿔이 작고 깃장식에 커다란 창이 뚫려 있는 카스모사우루스, 눈위뿔과 작은 코뿔 그리고 볼뿔이 있고 깃장식에 달린 여러 개의

뿔이 빗어 넘긴 머리카락처럼 휘어 있는 메두사케라톱스, 갈고리처럼 아래로 휜 커다란 코뿔과 깃장식에 한 쌍의 뿔, 두 개의 창을 가진 에이니오사우루스, 깃장식 꼭대기에 솟아난 큰 뿔이 앞으로 굽은 마카이로케라톱스, 깃장식 꼭대기에 솟아난 한 쌍의 큰 뿔이 양옆으로 굽은 디아블로케라톱스 등 뿔공룡의 뿔 모양과 깃장식은 어이없을 정도로 다양하다.

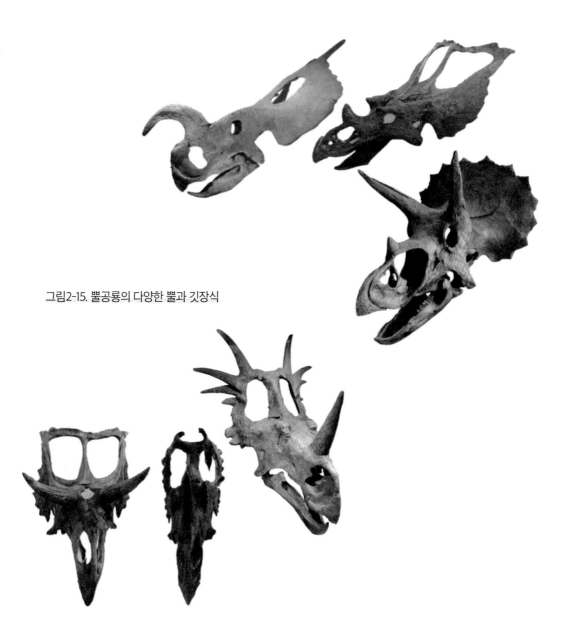

그림2-15. 뿔공룡의 다양한 뿔과 깃장식

⑥ 스테고사우루스

스테고사우루스의 골판 ▶

그림2-16. 스테고사우루스 화석

골판공룡 스테고사우루스는 길쭉한 작은 머리와 큰 고구마 같은 몸통, 끝에 두 쌍의 가시가 달린 긴 꼬리 그리고 등에 납작한 다이아몬드 모양의 골판을 갖고 있다. 몸길이가 9m에 이르고, 긴 뒷다리에 비해 앞다리가 워낙 짧아서 몸이 굽어 있다. 목 위부터 꼬리까지 두 줄로 솟아 있는 골판은 등을 따라 허리로 갈수록 그 크기가 커지며 뾰족한 오각형이 되고, 허리를 지나 꼬리로 가면서 다시 작아진다. 사람 손바닥만 한 크기의 골판이 목 위에 솟아 있고, 허리 부위에 솟아 있는 골판은 최대 76㎝에 이른다. 얇은 골판에는 혈관이 지나간 선명한 자국들이 그대로 남아 있다. CT촬영을 통해, 골판 속에도 핏줄이 존재한 흔적을 발견하였다.[29] 아프리카코끼리가 얇고 넓적한 귀를 펄럭이며 체온을 조절하듯, 스테고사우루스는 그 속까지 핏줄이 뻗어 있는 얇고 넓적한 골판들 덕분에 효과적으로 체온을 조절할 수 있었다.

거대한 몸집에 비해 스테고사우루스의 머리는 너무 작다. 4.5톤의 몸통에 뇌는 겨우 80g, 개의 뇌와 같은 크기에 불과하다. 그럼에도 느릿느릿 단순하게 먹고 사는 데는 부족하지 않은 지능을 가졌을 것이다. 작은 턱 앞에는 뾰족한 부리가 있고 부리 안쪽으로 톱니 구조의 20여 개 작은 이빨들이 줄지어 있다. 테두리를 따라 돌기가 발달한 작은 이빨들은 많은 풀을 베어 잘게 썰 수 있었다.

 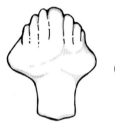 

▲스테고사우루스 이빨 그림

그림2-17. 스테고사우루스의 두개골 화석

❼ 안킬로사우루스

등에 있는 골판이 납작하고 높은 골판공룡과 달리, 골판들이 더 풍성해서 등과 목, 꼬리까지 덮고 있는 공룡을 갑옷공룡이라고 한다. 꼬리 끝에 곤봉이 달린 갑옷공룡 안킬로사우루스가 캐나다 앨버타주와 북아메리카 몬태나주에 널리 분포하는 지층에서 대량 출토되었다. 그중 가장 큰 것은 길이 10m, 추정 무게 3톤 이상이다. 안킬로사우루스는 단단하고 무거운 갑옷 때문에 다리가 짧고 두껍다. 대신 짧은 다리와 낮은 키로 초원에서 풀을 뜯어먹고 살기에 적합하였다.

이빨은 작지만, [그림2-18]처럼 가장자리를 따라 톱니 모양의 돌기가 있어서 식물을 잘게 자르기에 알맞았다. 또한 갑옷공룡에게는 특별한 턱관절이 있어 턱을 앞뒤

좌우 모든 방향으로 조금씩 움직일 수 있었다.[30]

그림2-18. 유오플로케팔루스(안킬로사우루스류) 화석

▲ 안킬로사우루스류 이빨 화석

공룡은 턱을 많이 움직이지 않아도 쉽게 분쇄하거나 잘게 자르기에 편리한 이빨을
이용하여 단번에 많은 양의 식물을 처리하였다. 양날톱처럼 가장자리를 따라 돌기가
있는 납작한 이빨로 식물을 잘게 찢어내는 공룡(플라테오사우루스, 파키케팔로사우루스,
안킬로사우루스), 천여 개의 이빨이 뭉쳐진 단단한 치판을 줄칼처럼 서로 맞비벼 질긴
식물을 짓이기는 공룡(에드몬토사우루스), 줄지은 수백 개의 이빨이 수직으로 자르는
가윗날처럼 교차하여 입안에 들어간 식물을 분쇄하는 공룡(트리케라톱스) 등 몸길이
10m 내외의 중형급 공룡들은 저마다 독특한 이빨을 가지고 충분한 식물을 섭취하며
다른 동물들과 공존할 수 있었다.

대형 사족보행 공룡들, 아파토사우루스(몸길이 21m), 바로사우루스(몸길이 24m), 브

라키오사우루스(몸길이 22.5m), 카마라사우루스(몸길이 18m), 파타고사우루스(몸길이 18m), 마멘키사우루스(몸길이 22m), 디플로도쿠스(몸길이 25m)는 몸집에 걸맞게 엄청난 양의 식물을 먹었다. 다양한 공룡들이 개체수를 유지하며 살아가기 위해 매일 먹어야 하는 식물의 양을 현재로서는 감당할 수 없을 것이다. 만약 현재에도 대형 공룡들이 매일같이 그 많은 양의 풀을 먹기 위해 찾아다닌다면, 활동반경에 심각한 제약을 받을 것이다. 대형 사족보행 공룡은 거대한 몸집 때문에 높은 산을 오를 수 없기 때문이다. 즉, 수십 톤에 이르는 다양한 대형 사족보행 공룡들이 개체수를 유지하며 살았다고 하는 것은 당시의 생태계가 얼마나 풍부하였는지, 지표가 얼마나 완만하였는지를 알려 주는 것이다.

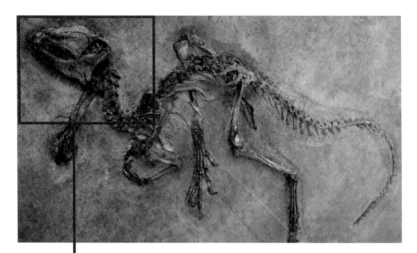

그림2-19. 헤테로돈토사우루스 화석

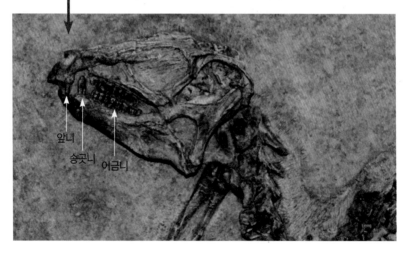

앞니

송곳니 어금니

남아프리카에서 발견된 헤테로돈토사우루스는 몸길이 1.2m 정도의 호리호리한 소형 이족보행 공룡이다. 헤테로돈토사우루스 화석에서 가장 독특한 부분은 이빨이다. 이빨이 포유류처럼 앞니와 송곳니 그리고 어금니로 분화되어 있다. 위턱의 맨 앞에 작은 앞니가 있어서 식물의 잎을 훑어 낼 수 있고, 아래턱의 앞부분은 부리 모양의 전치골이며 여기에는 이빨이 없다. 맞물리지 않는 기다란 송곳니가 한 쌍 나 있고, 뒤쪽에 어금니가 서로 치밀히 붙어 있다. 포유류의 어금니와 같이 발달한 어금니는 식물을 잘게 갈 수 있었다. 어금니가 턱 내부 깊숙이 있기 때문에 먹이를 씹는 동안 먹이를 가두어 둘 볼이 있었음을 알 수 있다. 헤테로돈토사우루스는 분화된 이빨을 사용해 다양한 식물을 맛보았을 것이다.

양서류나 파충류의 이빨은 턱의 어느 곳에 있든지 모양이 하나같다. 이러한 형태의 이빨을 동형치(homodont=same+teeth)라고 한다. 때로는 거북처럼 이빨의 발달이 미약하거나 아예 없는 경우도 있다. 반면, 포유류의 이빨은 기능에 따라 앞니, 송곳니, 어금니로 나눠진다. 종류에 따라서는 송곳니가 없는 포유류도 있다.

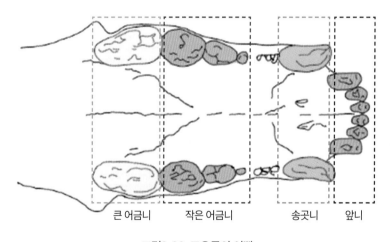

큰 어금니　　　작은 어금니　　　송곳니　　앞니

그림2-20. 포유류의 이빨

초식성 포유류는 식물의 잎을 뜯고 갈아내기 좋게 앞니와 어금니가 발달하고, 방어용으로 송곳니가 발달한 경우도 있다. 육식성 포유류는 먹이를 물거나 찢기에 알맞은 날카로운 송곳니가 발달한 것이 특징이다. 사냥감을 물고 찢을 때 송곳니에 가해지는 충격을 견디기 위해 치아뿌리가 턱뼈에 깊게 박혀 있다. 잡식성 포유류는 먹이가 다양해 모든 이가 발달하였다. 이빨의 앞부분은 찢는 역할을 하며, 뒷부분은 초식동물의 이빨처럼 식물을 잘게 갈아낸다.

▲하마의 앞니, 송곳니, 어금니

▲캥거루의 앞니, 어금니

앞서 여러 공룡의 이빨에서 가장자리를 따라 돋아 있는 톱니 같은 돌기를 관찰하였다. 이와 유사한 돌기가 공룡 화석과 함께 출토된 소형 포유류 화석의 이빨에도 있다. 고비코노돈 화석[그림2-21]의 어금니를 살펴보면, 가장자리에 독특한 세 개의 돌기가 있는 것을 확인할 수 있다. 어금니에 돌기가 세 개 돋아 있는 소형 포유류 화석을 삼돌기치류라고 한다. 크기가 모두 땃쥐에서 들쥐 사이 정도이며 고비코노돈, 프리아코돈, 트리오라코돈, 아플로코노돈, 트리코놀레스테스 등의 포유류 화석이 이에 속한다.[31]

그림2-21. 고비코노돈(삼돌기치류) 화석

대칭치류도 어금니에 돌기가 세 개씩 돋았지만 삼돌기치류와 달리 돌기들이 한 줄이 아니라 세모꼴로 배치되었다. 크기는 땃쥐에서 들쥐 사이 정도이며 암피돈, 티노돈, 에우릴람다 등의 포유류 화석이 있다.[32] 이빨에 돌기가 여러 개 돋아 있어서 치열이 마치 톱처럼 보이는 다구치류에는 크테라노돈, 조피아바타르, 글리로돈, 프살로돈 등의 포유류 화석이 있다.[33] 그중 크기가 가장 큰 프살로돈 화석은 현대의 집쥐보다 조금 컸다.

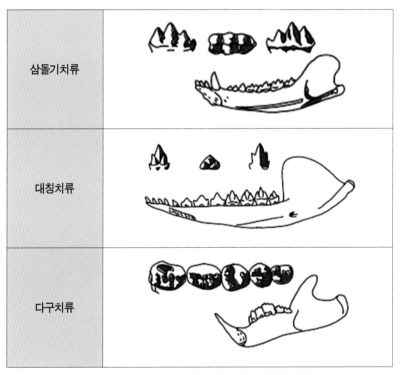

그림2-22. 삼돌기치류, 대칭치류, 다구치류 화석의 이빨 그림

현재 살아 있는 육상 동물 중에서도 이빨의 가장자리에 톱처럼 돌기가 돋은 동물이 있다. 갈라파고스 제도에 살고 있는 육지이구아나의 작고 납작한 이빨에는 [그림2-23]처럼 가장자리를 따라 돌기가 돋아 있다. 테두리에 돌기가 돋은 납작한 이빨은

식물을 베어 먹기에 적합하다. 몸길이 1.5m의 육지이구아나는 잎, 꽃, 과일과 선인장 등 다양한 식물을 잘라 먹는다. 이 대형 도마뱀은 대형 포유류가 없는 화산섬을 여유롭게 거닐며 살아간다.

갈라파고스 제도의 바닷가에 서식하는 바다이구아나도 이빨의 가장자리에 돌기가 있다. 검은색의 바다이구아나는 갈라파고스 해안을 따라 검은 바위 위에 다닥다닥 붙어 있다. 아침 일찍, 줄줄이 바닥에 엎드려 몸의 측면을 태양 쪽으로 향하여 어두운 색을 띠는 신체 부분을 온기에 최대한 노출시킨다. 바위에서 일광욕으로 체온이 40℃까지 오른다. 뜨끈하게 달궈진 열 덕분에 차가운 물속으로 들어갈 수 있다. 바다이구아나는 두꺼운 입술과 짧은 주둥이를 해저의 바위에 대고 삼지창 같은 이빨로 틈새에 자라 있는 바닷말을 뜯어 먹는다. 강력하고 날카로운 발톱과 세 개의 돌기가 돋은 이빨은 바닷말을 뜯어내기에 가장 적합한 형태이다. 해조류를 뜯고 돌아오는 과정에서 체온이 10℃나 떨어지기도 한다. 물에서 올라온 바다이구아나는 다시 따뜻한 바위 위에 자리 잡고 해바라기처럼 태양을 바라보며 체온을 높인다.

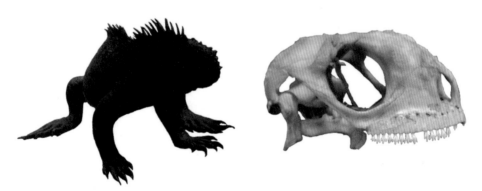

그림2-23. 바다이구아나(왼쪽)와 육지이구아나의 두개골(오른쪽)

두개골에는 여러 구멍이 있다. 그중 양쪽 눈구멍 옆에 있는 측두창(관자뼈창)의 개수에 따라 구멍이 없는 무궁류, 구멍이 1개인 단궁류, 2개인 이궁류로 나뉜다. 현재 살아 있는 육상 동물을 측두창의 개수에 따라 분류하면, 거북은 무궁류, 포유류가 단궁류, 거북을 제외한 뱀, 도마뱀, 악어 등의 파충류가 이궁류이다.

측두창이 하나만 커다랗게 발달한 단궁류는 턱을 닫는 근육 두 개가 발달하여 턱을 여러 방향으로 움직일 수 있다. 턱을 위아래뿐만 아니라 양옆으로 움직이며 먹이를 충분히 작은 조각으로 잘라내기 위해 이빨이 어금니, 송곳니, 앞니로 분화되어 있다.

작은 측두창 두 개가 있는 이궁류는 턱을 닫는 근육이 한 개밖에 없고 턱관절 부위가 유연하지 않다. 그래서 이궁류는 턱을 위아래로만 움직이며 한 가지 방식으로밖에 씹지 못한다. 턱 운동이 제한된 이궁류는 이빨도 한 가지 형태로 단순하다. 그리고 측두창이 없는 거북은 이빨도 없다. 즉, 측두창의 개수는 턱 근육의 발달 정도와 이빨의 분화를 가늠하게 해 준다.

공룡은 이궁류에 속하며 이빨 형태가 대체로 단순하다. 그러나 한 가지 형태의 이빨을 가지고 적게 먹고도 살아가는 파충류와 달리, 거대한 공룡들은 단번에 많은 양의 음식물을 처리할 수 있는 이빨을 가졌다. 에드몬토사우루스의 볼 부분 안쪽에는 자그마치 1,000여 개의 마름모꼴 이빨이 빼곡히 심겨 있다. 양쪽 턱에 어금니가 여러 줄로 능선처럼 나 있어서 먹이를 갈기 좋은 널찍한 치판을 형성한다. 치판을 구성하는 각각의 이빨들은 에나멜층으로 싸여 있다. 중앙이 세로 방향으로 융기되어 있으며 전체적으로 다이아몬드 형태를 이룬다. 그리고 오리부리 모양의 턱이 앞니의 역할을 대신한다. 에드몬토사우루스는 넓적한 부리를 이용해 한꺼번에 식물을 많이 뜯어서 치판으로 갈아 먹었다. 뿔공룡 트리케라톱스의 뾰족한 부리는 단단한 식물의 줄기도 부러뜨릴 수 있다. 트리케라톱스에게는 길고 좁은 턱 안쪽에 자리 잡은 최대 800여 개의 이빨이 있다. 각각의 이빨은 수직으로 자르는 날 같은 형태이며 모서리가 다수의 가는 알갱이로 덮여 있다. 턱을 위아래로 움직이면 날선 이빨들이 가윗날처럼 서로 교차하며 입안에 있는 식물을 마치 종이분쇄기에 들어간 종이처럼 잘게 갈아 한꺼번에 많은 양의 식물을 처리할 수 있었다. 이처럼 거대한 공룡들은 최소한의 턱 운동으로도 많은 양의 식물을 손쉽게 분쇄할 수 있는 이빨을 이용해 충분히 먹었다.

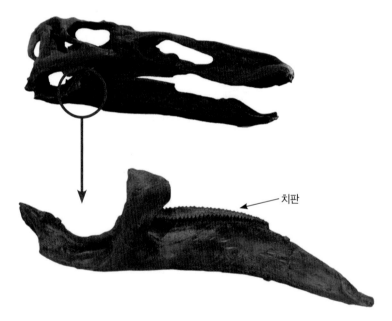

치판

그림2-24. 에드몬토사우루스의 두개골과 아래턱뼈

공룡의 이빨 형태는 종류에 따라 다양하다. 브라키오사우루스와 같이 한 가지 형태의 이빨을 가진 공룡이 있는가 하면, 부리 모양의 주둥이 뼈를 앞니처럼 사용하면서 턱 안쪽 이빨을 어금니로 쓰는 공룡이 있고, 특별히 포유류처럼 형태가 다양한 이빨을 가진 공룡도 있다. 소형 이족보행 공룡 헤테로돈토사우루스는 포유류처럼 분화된 이빨을 가졌다. 위턱의 맨 앞에 작은 앞니가 있어서 식물의 잎을 훑어 낼 수 있고, 아래턱의 앞부분은 부리 모양의 전치골이다. 앞니 뒤로 한 쌍의 송곳니가 나 있으며, 치아머리가 높이 돋아 있는 어금니가 서로 치밀하게 붙어 있다. 턱을 다물면 위턱과 아래턱에 있는 어금니가 서로 맞물려 밀리면서 맷돌질이 이루어졌다. 헤테로돈토사우루스는 분화된 이빨을 이용하여 질긴 식물도 잘게 갈아 먹을 수 있었다.

공룡은 이궁류이지만, 파충류의 골격이 아니다. 도마뱀의 경우 네 다리가 몸통 옆으로 튀어나온 것처럼 달려 있다. 이런 자세로 왼쪽 다리가 전진하면 오른쪽 폐가 눌린다. 결국 몸통과 흉곽이 좌우로 압력을 받으면서 숨을 쉴 수 없게 된다. 따라서 도마뱀의 경우 빠르게 움직인 후 한동안 숨을 쉬기 위해 멈춰야 한다. 반면에 공룡과 포유류는 다리가 몸통에서 바닥을 향해 아래로 똑바로 뻗어 있다. 게다가 이족보행 공룡은 두 발로 걸었다. 하반신과 상반신이 따로 움직이는 것이다. 공룡은 걸으면서도 숨을 쉴 수 있는 활동적인 동물이었다.

공룡과는 반대로, 단궁류이면서 파충류의 골격을 갖춘 화석도 있다. 디메트로돈은 단궁류 화석으로 '두 가지 크기의 이빨'이라는 이름대로 모양은 같지만 크기가 다른 이빨이 있고, 현생 도마뱀과 같이 땅에 거의 붙어 다녔다.

디메트로돈의 가장 인상적인 특징은 필요 이상으로 거대한 돛이다. 최대 3.5m의 몸길이, 몸무게 250kg의 디메트로돈은 멀리서도 잘 보이는 거대한 돛을 갖고 있다. 돛은 태양열을 이용하여 몸을 데우는 용도였을 것이다. 시뮬레이션에 따르면 200kg의 파충류가 체온을 26℃에서 32℃로 높이는 데 205분이 걸리지만 돛

그림2-25. 디메트로돈 두개골

이 있는 디메트로돈은 80분이면 되었다.[34] 반대로 체온을 식힐 때는 햇빛이 비치지 않는 곳에서 빠르게 온도를 낮출 수 있다. 거대한 돛은 이성에게 시각적으로 눈길을 잡아끄는 역할도 겸했을 것이다.

디메트로돈이 육식성이라면 이런 큰 돛을 가지고 사냥하기 어려웠을 것이다. 매복이 불가능하기 때문이다. 지상에서 큰 돛을 등에 달고 사냥을 한다는 것은 먹잇감에게 내가 여기 있다고 광고하고 다니는 것이나 마찬가지다. 초식성이라고 해도 느릿하고 거대한 동물이 자신의 위치를 사냥꾼에게 알리는 꼴이다. 하지만 초식성이면서 디메트로돈을 먹잇감으로 노리는 상대가 없다면, 거대한 돛을 달고 느릿하게 살 수 있다. 즉, 디메트로돈은 갈라파고스 제도에 서식하는 육지이구아나(몸길이 1.5m의 대형 도마뱀)처럼 천적이 없는 생태계에서 초식성으로 살았을 것이다.

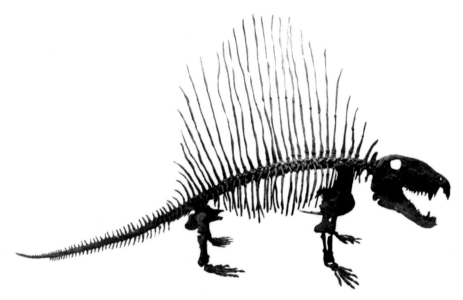

그림2-26. 디메트로돈 화석

제3장 대형 공룡의 뼈

공룡처럼 몸집이 지나치게 커지면 근육이 이를 견디기 어렵다. 일반적으로 근육의 힘은 몸체의 횡단면에 비례한다.[35] 동물의 크기가 증가할수록 근육의 힘은 길이 증가분의 제곱에 비례하여 증가하지만, 무게가 길이 증가분의 세제곱에 비례하여 늘어나므로 거대한 공룡의 경우 엄청난 근육의 양을 필요로 한다.[36] 반면에 근육이 너무 많고 견고해지면 관절의 움직임이 둔해진다. 대형 목긴공룡들은 50톤, 그 이상의 육중한 무게를 어떻게 지탱하며 움직일 수 있었을까?

첫째, 기둥 같은 다리는 막대한 몸무게를 떠받치는 가장 효과적인 수단이다. 수십 톤의 무게를 긴 다리로 지탱하는 거구가 악어나 도마뱀의 걷는 자세를 한다면, 한 발자국을 떼기조차 어려웠을 것이다. 엎드려 뻗은 자세로 팔을 굽히고 이동해 보면, 네 다리를 구부린 자세를 유지하며 보행하는 것이 얼마나 어려운지 단번에 이해할 수 있다. 대형 사족보행 공룡의 무릎과 발목은 곧게 뻗은 기둥 같다. 수직으로 곧게 뻗은 다리를 통해 수십 톤의 몸무게가 곧바로 지면에 전달되었다. 곧은 다리뼈를 가진 코끼리처럼, 대형 사족보행 공룡들은 몸무게의 상당 부분을 강철 같은 다리뼈로 직접 지탱하였다.

둘째, 대형 공룡의 척추뼈는 구멍이 많고, 벽이 얇은 지주와 돌기로 이루어져 있다. 목긴공

그림3-1. 브라키오사우루스 화석

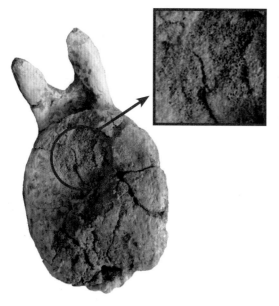

그림3-2. 대형 사족보행 공룡의 척추뼈 단면

룡의 목뼈 중에는 뼈 하나의 길이가 4m나 되는 것도 있다. 뼈 하나하나가 거대하지만, 뼈에 구멍이 많아서 비교적 가볍다. 대형 공룡의 목과 등에 있는 각각의 척추뼈에는 스펀지처럼 작은 구멍이 송송 뚫려 있다. 이런 기강이 있는 구조는 크기에 비해 가벼우면서 강도를 증가시킬 수 있다. 그리고 척추가 지주와 돌기로 둘려 있어, 머리와 꼬리를 들어 올리는 데 필요한 근육이 발달할 수 있고 인대와 힘줄을 단단히 묶어 두기에 효율적이다.

셋째, 긴 목과 긴 꼬리는 구조적으로 안정된 설계에 의해 지탱된다. 몸길이 21m인 아파토사우루스는 6m의 목과 11m의 꼬리를 갖고 있다. 기다란 목과 꼬리가 4m 정도의 몸통에서 수평으로 뻗어 있었다는 것이 현재 가장 일반적인 복원모델이다.[37] 머리부터 꼬리까지 이어진 척추에는 위를 향해 길게 뻗은 돌기가 있다. 돌기는 골반에 가까울수록 길어진다. 골반 부근의 기다란 돌기에서 각 돌기에 강력한 인대와 힘줄이 뻗었던 흔적이 발견되었다.[38] 돌기의 단면은 V자형인데 그 사이에 인대가 있었을 것이다. 인대와 힘줄은 근육과 달리 물체를 잡아당기는 데 에너지를 필요로 하지 않는다.[39] 목과 꼬리의 돌기 사이로 뻗어 있는 인대와 힘줄이 척추를 따라 현수교를 지탱하는 강철 케이블처럼 목과 꼬리를 지탱해 주었을 것이다. 현수교의 줄은 다리 윗부분의 무게(목과 꼬리)를 받아서 교각(다리)을 통해 땅으로 전달한다. 머리부터 꼬리까지 척추를 따라 뻗어 있는 인대와 힘줄에 의해 긴 목과 긴 꼬리의 무게가 어깨뼈와 골반에 집중되고, 기둥 같은 네 다리가 전체 무게를 지탱한 것이다. 그래서 아파토사우루스는 긴 목과 꼬리를 앞, 뒤로 뻗어 균형을 맞추고, 긴 꼬리를 땅에 끌지 않은 채 걸을 수 있었다.

그림3-3. 아파토사우루스 화석

넷째, 무게가 집중되는 골반은 **장골, 치골, 좌골**[2]로 나뉘며 매우 견고한 구조를 이룬다. 골반의 우묵한 곳을 중심으로 장골, 치골, 좌골이 방사형으로 뻗어 몸의 균형을 잡는다. [그림3-4]에서 볼 수 있듯, 뒷다리 바로 위에 있는 5~6개의 척추뼈가 서로 촘촘하게 융합하여 장골과 맞붙어 있다. 장골과 척추가 연결된 이 부분에 많은 체중이 실렸다. 그리고 양다리 사이에서 각각 앞, 뒤 아랫방향을 향해 뻗은 치골과 좌골에

2) **장골, 좌골, 치골**: 골반을 구성하는 뼈들의 우리말 명칭은 인체 해부학에서 유래한 것으로, 장골은 내장을 받쳐 주는 뼈, 좌골은 앉을 때 엉덩이가 닿는 뼈, 치골은 생식기가 위치하는 부끄러운(恥) 부분이라는 의미를 가진다.

는 다리를 움직이는 커다란 근육이 부착되었다. 치골은 복부 아랫부분을 안정적으로 받쳐 주었고, 좌골에는 꼬리를 들어 올리는 근육이 붙었다.

그림3-4. 마멘키사우루스의 골반

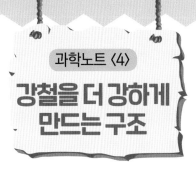

과학노트 〈4〉
강철을 더 강하게 만드는 구조

대형 이족보행 공룡의 목과 등에 있는 각각의 척추뼈는 벌집처럼 속이 비고 벽이 얇은 걸출한 공학 작품이다. 두 다리만으로 3~7톤의 무게를 지탱하는 동물의 척추뼈가 벌집처럼 비어 있는 것이 인상적이다. 이런 특수한 구조의 척추뼈는 가벼우면서 강한 I-형강처럼 강도는 유지하면서 전반적인 질량을 최소로 할 수 있다. I-형강(I-beam)은 필요치 않은 중간 부분을 제거한 강철 막대이다. 직육면체 강철 막대와 비교했을 때, 강도는 비슷하지만 훨씬 가볍다. 큰 직육면체 강철 대들보가 지간 위에 놓이게 되면 자체 무게로 무너져 내릴 수 있는 반면에, 같은 크기의 I-형강은 더 큰 하중도 견딘다.[40] 수 톤의 몸무게를 지탱하면서도 I-형강처럼 속이 빈 얇은 뼈는 일반 동물의 뼈보다 강도 자체가 높았을 것이다.

그림3-5. 대형 이족보행 공룡의 척추뼈 단면

그림3-6. I-형강

　힘줄은 흰색의 광택이 도는 끈 같고, 탄력이 풍부하여 견인용 와이어 로프라고 할
수 있다. 단백질로 구성된 힘줄은 동물이 죽어서 부패하면 젤리 모양이 되어 곧 녹아
버린다. 그럼에도 불구하고 데이노니쿠스, 에드몬토사우루스, 프로토케라톱스, 안킬
로사우루스 등 많은 공룡 화석에서 힘줄을 발견하였다.[41] 이구아노돈의 꼬리추골 돌
기 표면에도 격자상의 석회화한 힘줄이 붙어 있다.[42] 연필 굵기 정도인 꼬리 끝쪽 힘
줄을 전자현미경으로 보면, 연뿌리를 잘라 놓은 것처럼 횡단면에 구멍이 숭숭 뚫려
있다. 횡단면에서 관찰되는 무수한 둥글고 작은 구멍은 횡단면 길이 방향으로 평행하
게 나 있고, 그 사이에 석회질의 섬유상 구조가 보인다.[43] 힘줄이 다공질인 것은 가볍
고 튼튼하게 만드는 뛰어난 설계라고 할 수 있다. 특별히 발달한 힘줄이 부목처럼 뼈
를 받쳐 주고 고정시켰기 때문에, 공룡은 긴 꼬리를 지면과 수평방향으로 팽팽히 세
워서 균형을 유지하며 걸을 수 있었다.

그림3-7. 척추뼈 주위의 힘줄이 보존된 하드로사우루스류 화석

과학노트 〈6〉
골반

네 다리로 걷고, 꼬리가 짧거나 얇은 포유동물은 골반보다 앞다리와 흉부늑골에 무게가 집중된다. 그래서 뒷다리를 가볍게 움직일 수 있다. 반면에, 뒷다리만으로 몸무게를 지탱하고 꼬리가 기다란 캥거루의 경우, 골반이 다른 포유동물에 비해 특별히 크게 발달하여 몸의 균형을 잡는다. 캥거루의 긴 꼬리는 지팡이처럼 몸을 지탱하거나 곧게 뒤로 뻗어 골반 중심으로 앞뒤 균형을 유지한다.

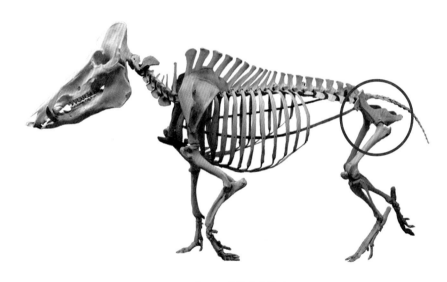

그림3-8. 멧돼지의 골반

배를 지면에서 약간만 들어 올려 기어 다니는 도마뱀은 특별히 강한 골반이 필요하지 않다. 몸통의 양옆으로 뒷다리가 뻗을 수 있도록 골반이 척추와의 이음새를 만들어 준다.

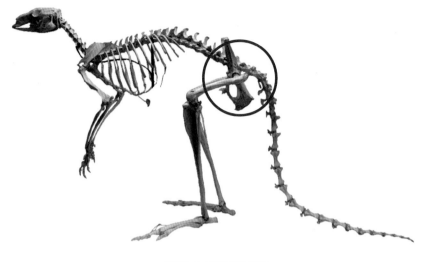

그림3-9. 캥거루의 골반

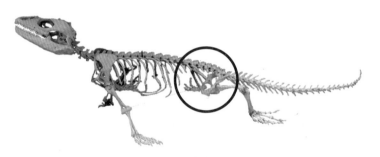

그림3-10. 도마뱀의 골반

공룡은 다리가 몸 아래로 뻗어 있어서, 걸을 때 다리만 움직여 쉽게 걸을 수 있고 걸으면서 숨도 편하게 쉬었다. 이런 활동적인 자세는 골반의 구조를 통해 지지된다. 공룡은 골반과 넙다리뼈(대퇴골)가 만나는 부위가 특이하다. 골반 양옆으로 큰 구멍 한 쌍이 뚫려 있다. 이 구멍에는 넙다리뼈의 꺾인 윗부분이 딱 들어맞는다. 그래서 무거운 체중을 몸 아래로 뻗은 뒷다리에 실을 수 있었다. 골반은 장골, 치골, 좌골로 구분되는데, 공룡의 체형에 따라 치골의 방향이 다르다.

몸길이 20m 내외의 대형 사족보행 공룡은 기둥 같은 네 다리로 수십 톤에 이르는 무게를 지탱하고 서서 긴 목과 긴 꼬리를 앞, 뒤로 곧게 뻗었다. 길고 거대한 몸의 균형을 유지하기 위해 골반이 특별히 크게 발달하였다. 치골은 앞쪽 아래 방향을, 좌골은 뒤쪽 아래 방향을 향한다. 장골, 치골, 좌골이 전체적으로 방사형을 이루며 기다랗고 거대한 몸집의 균형을 잡았다.

장골

좌골   치골

그림3-11. 마멘키사우루스의 골반

대형 이족보행 공룡도 장골, 치골, 좌골이 방사형으로 뻗은 커다란 골반을 갖고 있다. 천칭저울처럼 뒷다리와 골반을 중심으로 큰 두개골과 짧은 앞다리 그리고 굵고 긴 꼬리가 앞, 뒤로 뻗어 T자형을 이룬다. 뒷다리만으로 무게를 지탱하는데, 머리가 크고 앞다리가 짧아서 무게가 위쪽에 몰리는 만큼, 몸의 균형을 잡기 위해 치골의 하부가 특별히 크게 발달하였다.

오리주둥이공룡, 뿔공룡, 골판공룡, 갑옷공룡 등 수 톤의 무게를 네 다리로 지탱하고, 골반 중심으로 앞뒤 무게가 적절히 분산된 공룡들은 치골과 좌골이 모두 뒤를 향한다. 또한 파키케팔로사우루스처럼 뒷다리만으로 걷더라도 꼬리의 무게가 비교적 적으며, 두개골의 크기가 적당하고 앞다리가 좀 더 길어 무게중심이 낮아진 골격을 갖는 공룡도 치골과 좌골의 방향이 같다.

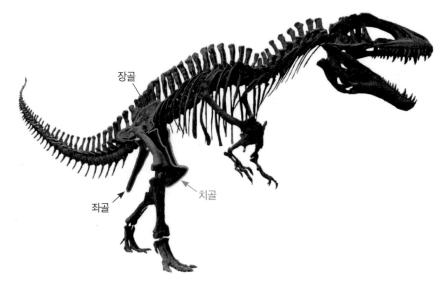

그림3-12. 아크로칸토사우루스의 골반

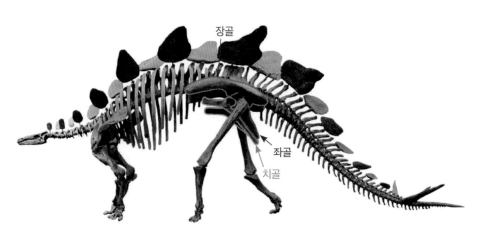

그림3-13. 스테고사우루스의 골반

제4장

대형 공룡의 혈압

뇌 속 기부에 있는 '괴망'이라는 소동맥의 집합체에서
혈류를 조절하여 높은 혈압으로 뇌가 파열되지 않도록 보호한다.

고개를 숙였을 때 피가 머리로 몰려 정신을
잃지 않도록 목에 동맥이 촘촘한 그물처럼
분포한다.

한 호흡에 2.5ℓ의 공기가 오르내린다.

머리에서
심장까지
3.4m

혈압이 사람의 2배
심장 무게가 사람의 20배

정맥에는 3군데에 걸쳐 판막이 있어, 밸
브를 잠그듯 혈액이 머리 부분을 향해
역류하는 것을 막아준다.

몸의 균형을 잡기 위해
앞다리가 뒷다리보다 길다.

다리의 피부가 두꺼워서
압박붕대 구실을 한다.

심장에서
발까지
1.8m

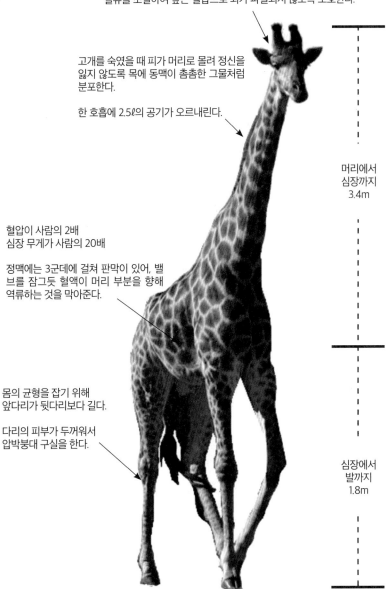

그림4-1. 목만 길다고 기린이 아니다

물을 마실 때 앞다리를 양쪽으로
벌려 머리와 심장의 높이 차이를
줄인다.

기린의 키는 5~6m이다. 오늘날의 육상 동물들 중 키가 가장 큰 기린은 가장 높은 혈압을 갖고 있다. 심장으로부터 3m 위에 있는 머리까지 혈액을 공급하기 위해 기린의 심장은 200~300㎜Hg의 압력으로 혈액을 뿜어낸다.[44] 높은 혈압 때문에 머리를 위아래로 움직이는 행동에 제약이 따른다. 대표적인 예가 잠잘 때와 물 마실 때이다.

기린은 하루에 단 10분 동안만 무릎을 꿇고 머리를 바닥에 내려놓은 상태로 잠을 잔다.[45] 누워 있다가 다시 일어설 때는 먼저 웅크려 앉아 잠시 기다렸다가 몸을 완전히 일으킨다. 이것은 혈관 체계를 안정시키기 위한 행동 조절이다. 만약 기린이 처음부터 바로 일어선다면 실신하게 될 것이다.[46] 반대로 물을 마실 때는 머리가 심장보다 낮아지므로 뇌로 가는 혈압이 올라간다. 기린은 물을 마시는 동안 앞다리를 벌려 머리와 심장 사이의 높이 차이를 줄인다. 또한 뇌 속 기부에 있는 '괴망'이라는 소동맥의 집합체에서 동시에 많은 소동맥들이 확장되어 일시적으로 혈압을 떨어뜨린다.[47] 고개를 숙이면 마치 스펀지에 물이 스며들 듯 괴망으로 혈액이 스며들어 갔다가 고개를 들면 빠져나오는 것이다. 정맥에는 세 군데에 걸쳐 판막이 있다. 판막이 닫히며 혈액이 머리 부분을 향해 역류하는 것을 막는다. 기린이 머리를 들어 올리면 3개의 판막이 열리고 혈액은 다시 심장으로 되돌아간다.[48] 다행히 기린은 낙타보다도 물을 덜 필요로 한다. 기린이 좋아하는 아까시나무잎의 70%가 물이기 때문이다.

혈압이 높으면 다리에는 항상 강한 혈압이 부하된다. 기린의 경우, 다리 혈관의 외벽이 매우 두껍고 질긴 껍질로 둘러싸여 있어서 혈관 바깥쪽 압력이 안쪽 압력만큼이나 높다. 그래서 높은 혈압에도 다리 혈관이 찢어지지 않는다. 기린은 이렇게 다양한 방법으로 혈압을 조절하고 있다. 키가 기린의 2배 이상 되는 브라키오사우루스는 그 높은 혈압을 어떻게 조절했을까?

뼈대를 통해 추정해 볼 때, 브라키오사우루스는 심장에서부터 머리까지 수직 거리가 6m 55㎝이다. 그 높이까지 혈액을 올리고 순환시키기 위해 심장은 568㎜Hg의 압력으로 피를 뿜어내야 한다.[49] 브라키오사우루스가 머리를 완전히 들면, 뇌에 도달하

브라키오사우루스의
혈압 추정치: 568mmHg

기린의 혈압:
200~300mmHg

그림4-2. 브라키오사우루스와 기린의 혈압 비교

는 피의 압력이 심장을 떠날 때보다 훨씬 더 낮아진다. 반대로, 머리를 바닥으로 떨구면 뇌에 도달하는 피의 압력이 높아진다. 이러한 효과로 인해 추가적으로 508mmHg의 압력이 더해져, 머리를 아래로 떨구었을 때의 혈압은 1,076mmHg가 된다.[50] 그 정도의 압력을 견딜 수 있는 심장은 무게로 따지면 1.6톤이다.[51] 이런 추정치는 긴 목을 지닌 대형 육상 동물의 순환 문제에 대한 중대성을 강조하는 것이다.

브라키오사우루스는 다른 어떤 동물보다도 효율적인 순환 체계를 가져야 한다. 브라키오사우루스의 심장은 높은 혈압을 만들고 견딜 수 있을 만큼 강했다. 판막이 발달된 2심방 2심실의 심장이 허파로 가는 혈액과 온몸으로 가는 혈액의 섞임 없이 산소가 충분한 혈액을 온몸에 펌프질하였을 것이다. 또한 움직임에 따른 심장에서 머리까지의 높이에 맞춰 효율적으로 모세혈관을 수축, 팽창하여 피 흐름을 조절했을 것이다. 그리고 기린처럼 머리를 갑자기 들어 올리거나 내려뜨리지 않는 신중한 행동 조절에 의해 혈압 문제를 경감시켜야 했다.

제5장 대형 공룡의 호흡

콧구멍 사이에 연골로 되어 있는 비중격이 있고, 비중격 연골의 뒤쪽으로 서골이라는 뼈가 있는데, 공룡은 특히 이 서골 부분이 발달되어 있다.[52] 서골 부위의 점막에는 후각 세포와 신경들이 조밀하게 분포한다. 따라서 후각이 발달했을 가능성이 높고, 넓은 비강을 통해 한 번에 많은 공기를 들이마실 수 있었을 것이다.

혀로 입천장을 눌러 보면 앞쪽으로 딱딱한 뼈 부분과 뒤쪽으로 목젖 가까이의 말랑한 부분을 느낄 수 있는데, 이런 입천장 부분을 구개라고 한다. 공룡에게는 구개가 잘 발달되어 있다.[53] 입천장은 비강과 구강을 구분하는 구조물로서, 코와 입이 명확히 구분되어 먹이를 먹는 동안에도 숨을 쉴 수 있게 한다. 즉, 공룡은 발달된 서골과 구개를 통해 많은 양의 공기를 완전한 형태로 호흡할 수 있는 활동성이 뛰어난 동물이었다.

그림5-1. 마멘키사우루스 화석

목구멍 뒤쪽을 폐와 연결하는 관의 안에 있는 공기는 호흡이 불가능하기 때문에,

이 관을 사강(死腔, dead space)이라고 부른다. 사강이 클수록 **환기율**[3]이 높다. 기린은 쉬고 있는 상태에서 분당 20회의 호흡을 하는데 사람이 12회, 코끼리가 10회 호흡을 하는 것과 비교해 볼 때, 큰 동물치고는 매우 높은 환기율이다.[54] 목 길이가 3m인 기린은 사강의 용량이 2.5ℓ이다.[55] 브라키오사우루스의 목 길이는 9.2m이고, 마멘키사우루스의 목 길이는 무려 12m, 기린의 4배이다. 마멘키사우루스의 목 굵기가 기린의 대략 2배라고 하면, 목 길이는 기린의 4배이므로 그 사강 용량이 기린의 16배인 약 40ℓ로 추정된다. 이 정도의 사강을 가진 대형 공룡은 매우 높은 효율의 호흡을 해야 한다.

포유류와 파충류는 기도, 즉 공기를 빨아들이는 코나 입에서 폐까지의 통로가 하나이다. 따라서 번갈아 가며 들이쉬고 내쉬는 행동으로 공기의 출입이 이루어진다. 폐는 기본적으로 주머니 모양의 구조이며, 하나의 출입구를 통해 공기가 들어갔다 나왔다를 교대로 반복한다. 마멘키사우루스의 코나 입으로 들어온 신선한 공기가 12m 이상의 긴 기도를 통해 폐에 도달하려면 상당한 시간이 걸린다. 그 사이에 몸속에서 소비한 공기를 내보내는 것은 거의 불가능한 일이다.[56] 반대로 공기를 내보내고 있는 동안 새로운 공기를 흡수할 수가 없으므로 산소의 양이 필연적으로 제한된다.[57] 12m 넘게 떨어져 있는 폐까지 25톤의 동물에게 필요한 산소를 공급하는 것은 생각만큼 쉬운 일이 아니다.

대형 공룡의 뼛속에는 둥글고 작은 구멍 혹은 튜브 상태의 공간이 나 있다. 이러한 뼈를 함기골이라고 한다. 빈 공간이 있는 뼈는 강도를 유지하면서 무게를 줄인다. 최대한 무게를 줄여야 하는 조류에게도 함기골이 있다. 그런데 조류는 함기골을 다른 용도, 호흡을 위해 사용한다.

새들은 포유류에게 치명적인 고도에서 생존할 수 있을 뿐만 아니라, 높은 고도의

---

3) **환기율**: 호흡 기관 내의 공기가 신선한 공기로 치환되는 현상 또는 운동을 환기라고 한다. 폐호흡의 경우에 환기율(환기량)은 호흡의 깊이와 호흡수에 의해 결정된다. 사람의 정상치는 약 6ℓ/min (1회의 환기량 500㎖×호흡수, 약 12회/min)이다.

희박한 공기를 들이쉬며 동물의 운동 능력 중에서도 극단적으로 힘든 운동으로 알려진 비행까지 수행한다. 고도 8,000m 지점의 에베레스트 산에서 노란부리까마귀가 관찰되었고, 에베레스트를 일 년에 두 번이나 넘나드는 줄기러기는 9,000m 상공을 거침없이 뚫고 나간다. 아이슬란드와 유럽 사이의 대서양 위를 건너는

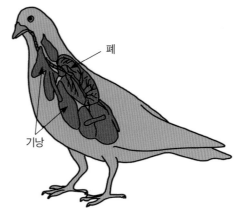

그림5-2. 조류의 공기주머니(기낭)

큰고니 무리가 8,000m 상공에 출현하기도 한다. 새들은 빠른 속도로 높은 곳에서 낮은 곳까지 자유로이 날아다닌다. 다이빙하며 내려와 공중에 떠 있는 먹잇감을 낚아채는 송골매는 시속 300㎞가 넘는 빠른 속도로 돌진한다. 높은 고도에서 날거나, 빠른 속도로 날거나, 끊임없이 날갯짓을 하기 위해서는 산소 공급이 중요하다. 조류의 호흡 역시 공기를 흡수해 폐에서 산소 교환을 한다는 기본구조에는 변함이 없다. 단, 그 경로 중에 공기주머니를 중계소처럼 몇 개 배치해 놓고 있다. 이 중계소(공기주머니, 기낭)를 이용해서 폐로 공기를 보내는 통로와 폐에서 공기가 나가는 통로를 분리해, '일방통행'을 하는 것이다.[58] 구체적으로 살펴보면, 조류의 호흡은 네 단계로 이루어진다. 숨을 들이마신 새는 공기를 첫 번째 공기주머니 연결조직으로 보내고 숨을 내쉬면서 이 공기를 폐 속으로 밀어 넣는다. 그 다음 숨을 들이쉬면 공기는 그 앞에 있는 공기주머니로 옮겨 가고 두 번째 날숨을 쉴 때에 입이나 코를 통해 바깥으로 나온다.[59] 이 과정을 통해 체강 전체, 심지어는 뼛속까지 끊임없이 공기가 흐르도록 한다.[60] 공기가 들어올 때는 물론 나갈 때도 공기가 폐를 지날 수 있다. 폐 속에는 항상 신선한 공기가 들어오고 이것이 혈액 전체로 보내진다. 공기 정체가 어디서도 일어나지 않는 조류의 호흡은 하나의 출입구로 공기가 들어갔다 나왔다를 교대로 반복하는

포유류나 파충류에 비해 월등히 효율이 높다.

조류의 폐에 붙어 있는 기낭의 일부는 뼈 안의 구멍 속에 자리 잡고 있다. 뼈의 구멍에 기낭을 잘 넣어두어 기낭이 차지할 부피를 줄이고, 뼈를 가볍게 한다. 그런데, 새의 뼈 속에 기낭의 부품들을 집어넣는데 필요한 매우 구체적인 바로 그 형태가 대형 공룡의 뼈에서도 발견된다.[61] 공룡도 새와 같은 함기골을 가지고 있다. 함기골은 주로 대형 공룡의 척추골에서 발견되었다. 조류에게도 비슷한 함기성 척추골이 있다. 공기주머니 자체는 연한 내부 조직이므로 화석에서 발견되지 않지만, 함기골이 있는 공룡은 조류처럼 공기주머니를 이용하여 호흡을 보조했을 것이다. 호흡의 효율을 높이는 특별한 시스템 덕분에 마멘키사우루스는 코에서 폐까지 12m 이상의 긴 기도로 거대한 몸집에 필요한, 충분한 양의 산소를 들이쉴 수 있었다.

제6장 대형 공룡의 체온

항온동물은 몸의 내부에서 열을 발생시킨다. 발열원은 세포이다. 세포에는 '미토콘드리아'라는 세포 소기관이 있다. 혈액에서 흡수한 영양을 재료로 미토콘드리아가 에너지를 생산한다. 미토콘드리아의 작용으로 충분한 열이 확보되어, 일정한 체온을 유지할 수 있다. 몸의 크기가 커질수록 열은 부피, 즉 세포의 총수에 비례해서 발생한다. 반면에 몸에서 빠져나가는 열은 표면적에 비례한다. 외부의 공기와 접촉하고 있는 몸의 표면을 통해 열이 발산되기 때문이다. 몸집이 2배 커지면 부피는 '2^3=8배'로 늘지만 표면적은 '2^2=4배'가 된다. 따라서 외부로 빠져나가는 것에 비해 발생하는 열의 증가분이 훨씬 더 많으므로 과잉열이 내부에 쌓인다. 그래서 몸집이 클수록 추위에 잘 적응할 수 있는 반면 더위에 취약하다.

몸길이 5m, 몸무게 5~6톤인 아프리카코끼리는 열에 민감하여 나무 그늘 밑에서 한낮의 태양을 피한다. 코끼리는 물을 좋아한다. 몸집이 큰 수컷은 하루에 $200\,\ell$까지 물을 마시고, 빨리 마시는 것은 아니지만 한 번에 $100\,\ell$를 들이켜기도 한다.[62] 마시는 것만 아니라 웅덩이나 강에서 목욕을 즐긴다. 코를 이용해 자신들의 몸에 물을 뿌리고 틈이 날 때마다 진흙을 바른다. 이는 과도한 열을 떨어뜨리는 데 도움이 된다. 코끼리의 피부는 우둘투둘하고 주름이 많기 때문에, 외부와 접촉하는 몸의 표면적이 넓다. 그래서 물에 들어가거나 진흙을 몸에 묻히면서 쉽게 열을 식힐 수 있다. 주로 얕은 물에서 머물지만 이따금 온몸을 깊은 물에 담그고 잠수할 때도 있다.[63] 또한 넓적한 귀를 펄럭여 체온을 낮춘다. 넓적한 귀와 긴 코 그리고 주름진 피부는 부피에 비해 표면적이 넓으므로 과잉열을 효율적으로 방출할 수 있다.

단단한 갑옷을 두른 것 같은 코뿔소는 몸길이 2~4m, 몸무게 1~3.6톤 정도 나가는 대형 육상 동물이다. 큰 몸집 때문에 하루 중 서늘한 이른 아침과 늦은 저녁에 가장 활발하고, 한낮에는 그늘 밑을 찾아 자거나 진흙에서 뒹굴며 목욕을 한다. 우둘투둘하고 접힌 부분이 많은 코뿔소의 피부는 외부와 맞닿은 표면적이 넓어서 진흙을 묻히며 체열을 낮추기에 적합하다.

▲코뿔소의 피부

▲대형 사족보행 공룡의 피부 화석　　　▲하드로사우루스의 피부 화석

그림6-1. 코뿔소의 피부(위)와 공룡의 피부 화석(아래) 비교

몸길이 20~30m, 몸무게 수십 톤인 대형 사족보행 공룡은 더위에 더욱 취약하다. 공룡의 긴 목과 긴 꼬리는 과잉열을 해결하기 위한 대책이다. 긴 목과 긴 꼬리는 코끼리의

긴 코와 넓적한 귀처럼 부피에 비해 표면적이 넓으므로 효율적으로 열을 방출하였다.

공룡의 흔적에서 가장 드문 것이 바닥에 드러누워 만들어진 피부 자국이다. 하지만 간혹 몸체의 무게로 피부가 바닥에 눌려 자연적으로 피부의 날인이 이루어졌다. 대체로 피부 자국만 단독으로 찍혀 있지만, 뼈대와 함께 발견되기도 한다. 하드로사우루스, 뿔 달린 공룡, 티라노사우루스 등이 이런 경우이다. 이들의 피부 화석은 혹 모양의 서로 겹치지 않는 타일 모자이크 같다. [그림6-1]에서 볼 수 있듯, 피부 화석의 표면에 우둘투둘한 돌기가 많아 외부와 접촉하는 표면적이 넓다. 대형 공룡도 오늘날의 대형 육상 동물들처럼 물이나 진흙을 피부에 묻혀 체열을 식혔을 것이다.

대형 공룡의 뼈에는 새처럼 함기골이 있다. 뼛속에 둥글고 작은 구멍 혹은 튜브 상태의 공간이 나 있는 함기골은 뼈를 가볍게 할 뿐만 아니라 공기주머니를 연결하는 통로이다. 새는 허파 이외에도 9개가 넘는 공기주머니로 이루어진 복잡한 체계를 갖고 있다. 이 체계는 폐의 효율성을 높이고, 내부 증발을 위한 표면 영역을 크게 늘린다. 우회로를 거쳐 뼛속까지 끊임없이 공기가 흐르면서 숨을 쉴 때마다 빠르고 광범위한 냉각 작용이 일어난다.[64] 함기골이 있는 공룡도 새처럼 호흡과 동시에 뼛속의 공기 흐름을 유지하여 체열을 낮추었을 것이다.

대형 공룡은 현존하는 대형 육상 동물에 비해 너무 거대하다. 긴 목과 긴 꼬리, 작은 타일을 모아 붙인 것 같은 피부와 함기골이 있더라도, 이 거구들이 더위에 허덕이지 않으며 살아갈 수 있었던 중요한 요인은 다름 아닌, 당시의 기후이다. 대형 목긴공룡들은 너무 거대해서 사막이나 열대가 아닌 가장 적절한 기후에서 풍족한 식물을 먹으며 살아야 했다. 추정 몸무게 50톤인 브라키오사우루스, 몸길이 25m의 디플로도쿠스와 같은 목긴공룡들은 그 몸집에서 나는 열기를 식혀 줄 호수와 강이 있고, 거대한 몸집을 유지하기 위해 매일 먹을 수 있는 식물이 풍성한 곳, 그리고 가장 쾌적한 기후에서야 살 수 있었다. 즉, 대형 사족보행 공룡의 존재는 그처럼 풍족한 생태계가 실재했음을 입증한다.

대형 공룡의 걷기

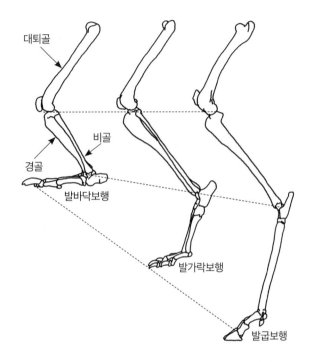

제7장

대퇴골

비골

경골

발바닥보행

발가락보행

발굽보행

그림7-1. 대퇴골과 경골, 비골의 길이 비율 및 보행 형태

　이족보행이나 사족보행에 상관없이, 뒷다리는 걷거나 뛰는 데 필수적인 역할을 한다. 뒷다리는 크게 세 부분, 대퇴골, 경골과 비골, 발로 이루어져 있다. 다리의 길이가 같다고 하더라도 다리의 아랫부분이 긴 경우에는 작은 움직임으로 같은 거리를 이동할 수 있다. 그래서 빠른 속도로 달릴 수 있는 동물들은 대퇴골에 비해 경골과 비골의 길이가 상대적으로 길다. 발과 발가락의 모습도 이런 내용을 반영한다. 곰, 너구리

등의 동물은 발꿈치를 땅에 대고 발바닥으로 걷는다. 이러한 보행 형태를 발바닥보행이라 한다. 이 경우 보행이 안정적이며 장거리를 걸어갈 수 있지만 빠른 속도를 내는 데는 적합하지 않다. 한편 조류, 늑대, 코끼리 등은 발꿈치를 들고 발가락을 이용해 걷는다. 이런 형태는 발가락보행이라고 한다. 사슴, 영양 등은 속도를 높이기 위해 아예 발가락 끝, 즉 발굽만을 이용해 걷는 발굽보행을 한다. 주로 빠르고 민첩하게 뛸 수 있는 우제류 동물에서 관찰되는 보행 형태이다.

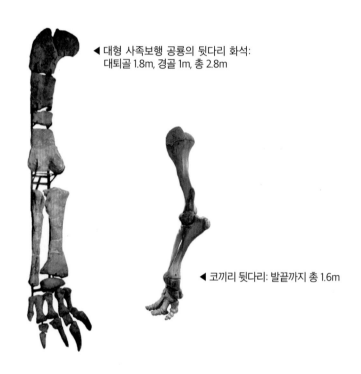

◀ 대형 사족보행 공룡의 뒷다리 화석:
대퇴골 1.8m, 경골 1m, 총 2.8m

◀ 코끼리 뒷다리: 발끝까지 총 1.6m

그림7-2. 대형 사족보행 공룡의 뒷다리 화석과 코끼리의 뒷다리 비교

[그림7-2]에서 볼 수 있듯, 대형 사족보행 공룡은 코끼리의 다리를 확대한 것처럼 대퇴골과 경골의 길이 비가 코끼리와 비슷하다. 또한 몸무게가 수십 톤에 이르는 대형 사족보행 공룡도 코끼리의 보행과 같이 발꿈치를 들고 발가락을 이용해 걸었다.

오늘날의 육상 동물 중 가장 무거운 코끼리는 발가락보행을 한다. 코끼리는 대부분의 시간을 서 있는데, 발에 붙은 두터운 육지 덕택에 서서 지내는 것이 불편하지 않다. 코끼리 발의 뼈와 발바닥 사이에는 연골층이 있어서 걸을 때의 충격을 완충해 준다. 발가락이 연골층 위에 실려 지면과 일정한 각도로 경사지므로, 발꿈치가 있는 구두를 신은 것과 같이 걸을 때의 피곤함이 완화된다.[65] 코끼리가 발을 내디딜 때, 연골층이 충격을 완충하고 발바닥의 가장자리가 중심보다 먼저 땅에 닿으면서 땅에 닿는 소리가 발밑에 형성된 오목한 공간에 갇힌다.[66] 따라서 육중한 코끼리는 소리 없이 발 끝으로 걸을 수 있다.

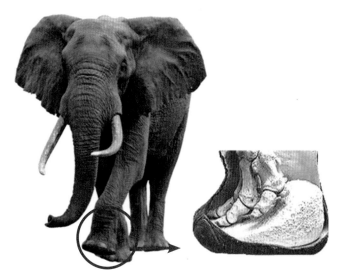

그림7-3. 코끼리의 발

브라키오사우루스, 아파토사우루스, 디플로도쿠스 등 대형 사족보행 공룡의 다리는 기둥형이며, 발은 상당히 짧고 폭이 넓다. 굵고 짧은 발가락은 코끼리처럼 발꿈치 역할을 하는 두꺼운 쐐기형의 조직에 의해 뒤쪽으로부터 지탱되었을 것이다. 안쪽 발가락에는 구부러진 큰 발톱이 있고, 끝이 둥근 나머지 발가락들이 넓게 벌어져 체중을 지탱하기 위한 배치로 되어 있다.

코끼리는 한가로운 삶을 살아가며 그 어떤 것도 서두르지 않는다.[67] 다리를 비교적 곧게 편 채 묵직하게 걸음을 옮기고, 도약이나 튀어 오르기, 뛰거나 달리기를 할 수는 없지만, 보폭을 넓혀 빠르게 걸을 수 있다. 코끼리는 꽤 가파른 경사길을 올라갈 수 있고, 간혹 나무의 높은 지점에 닿기 위해 뒷다리로 서기도 한다. 사람이 키운 코끼리가 서커스장에서 기묘한 곡예를 부리는 것도 볼 수 있다. 하지만 코끼리는 이러한 행동들을 천천히 그리고 신중히 해낸다. 그렇게 함으로써 뼈에 과도한 압력이 가해지는 것을 막고, 특히 구부러지는 압력을 피하여 부상을 방지한다.[68] 경사길에 구르는 정도의 사소한 경우에도 자체 무게와 커다란 몸집에 가해지는 관성 때문에 심각한 부상을 입을 수 있다. 코끼리는 동작을 취함에 있어 신중을 기함으로 위험에 빠지는 것을 방지한다. 5톤인 코끼리의 몸가짐이 신중하다면, 15톤인 디플로도쿠스, 28톤인 아파토사우루스, 50톤인 브라키오사우루스는 얼마나 더 신중했을까?

지금까지 전 세계에서 수천 개의 공룡 발자국 화석이 발견되었다. 그중에는 발자국 하나의 길이가 90㎝ 이상인 대형 사족보행 공룡의 것들도 많다. 그런데 대형 공룡의 발자국 화석은 하나같이 모두 걸을 때의 발자국이었다.[69] 아무리 강한 뼈대를 갖고 있더라도 15~50톤이나 되는 동물이 엄청난 무게와 그에 따른 관성으로 인한 부상의 위험을 무릅쓰고 뛴다는 것 자체가 무리인 것이다. 발자국 화석이 대변하고 있는 것처럼 대형 공룡들은 코끼리보다 더 신중하게 지구상을 활보하였다.

과학노트 〈7〉
크기의 문제

　생명체는 단순하지 않은 복잡한 모양의 입체이지만, 간편하게 계산하기 위해 정육면체라고 가정하고 부피와 표면적의 관계를 살펴보겠다. 예를 들어 질량 1, 모서리의 길이가 1인 각설탕에 대하여, 밑면에 가해지는 압력은 $\dfrac{\text{질량}}{\text{면적}}=\dfrac{1}{1^2}=1$,

총표면적 대 부피의 비는 $\dfrac{\text{총표면적}}{\text{부피}}=\dfrac{6\times1^2}{1^3}=6$이다.

각 변의 길이를 두 배로 늘이면 총 8개의 각설탕이 필요하다. 두 배 확대된 정육면체에 대하여 밑면에 가해지는 압력은 $\dfrac{\text{질량}}{\text{면적}}=\dfrac{8\times1}{2^2}=2$,

총표면적 대 부피의 비는 $\dfrac{\text{총표면적}}{\text{부피}}=\dfrac{6\times2^2}{2^3}=3$이다.

원래의 것보다 세 배 더 큰 정육면체를 만들기 위해서는 각설탕 27개가 필요하다.

세 배 확대된 정육면체에 대하여 밑면에 가해지는 압력은 $\dfrac{\text{질량}}{\text{면적}}=\dfrac{27\times1}{3^2}=3$,

총표면적 대 부피의 비는 $\dfrac{\text{총표면적}}{\text{부피}}=\dfrac{6\times3^2}{3^3}=2$이다.

일반적으로, 모서리의 길이가 각설탕의 n배 되는 정육면체를 만들려면 각설탕 n^3개가 필요하다. n배 확대된 정육면체에 대하여

밑면에 가해지는 압력은 $\dfrac{\text{질량}}{\text{면적}}=\dfrac{n^3\times1}{n^2}=n$,

총표면적 대 부피의 비는 $\dfrac{\text{총표면적}}{\text{부피}}=\dfrac{6\times n^2}{n^3}=\dfrac{6}{n}$이 된다.

　크기가 커질수록 밑면에 가해지는 압력이 늘어난 길이의 비에 비례하여 증가하고,

총면적 대 부피의 비는 반비례하여 줄어든다. 즉, 어떤 물체가 커지면 그것에 가해지는 압력이 증가되는 반면, 상대적 총면적은 그것이 같은 모양을 유지하는 한 더 작아진다는 것이다. 이러한 관계는 둘 다 생물학적으로 중요한 영향력을 지닌다.

최대 몸무게 5~6톤, 어깨높이 3.5~4m에 이르는 아프리카코끼리를 실례로 삼아, 거대한 몸집에 수반되는 압력과 상대적 총면적의 영향을 살펴보자.

첫째, 증가된 압력을 효율적으로 해소하기 위해 다음과 같은 특징을 갖는다.

① 코끼리의 다리뼈는 효과적으로 무게를 지탱하기 위해 쭉 뻗은 곧은 형태이다.

② 코끼리의 발은 넓고 탄력성이 있는 육지로 받쳐져 있다. 발뼈와 발바닥 사이에는 연골층이 있어 걸을 때의 충격을 완충한다.

③ 코끼리는 매번 걸음을 뗄 때마다 다른 발을 땅에 붙인 채 움직인다. 이러한 걸음걸이는 다리에 가해지는 높은 압력을 줄여 준다.

④ 코끼리는 달리는 일이 거의 없다. 걷기와 달리기를 구분하는 이동 중 허공에 떠 있는 단계가 없기 때문이다. 코끼리는 언제나 최소한 한 발이 바닥에 닿아 있다. 6톤짜리 동물이 허공에 떠 있는 것은 몹시 어려운 일이고, 제대로 착지하지 못할 경우 끔찍한 부상을 입게 될 것이다. 비록 코끼리가 질주를 하지 못해도 긴 보폭 덕택에 걷는 동안 상당한 속도에 도달할 수 있다.

⑤ 코끼리도 누워서 잠을 잘 수는 있지만 한 번에 한 시간 이상 누워 있지는 않는데, 육중한 체중으로 가하는 압축이 근육과 신경에 손상을 줄 수 있기 때문이다.[70]

둘째, 몸집이 큰 코끼리는 상대적 총면적이 작으므로, 몸에서 발생하는 열이 외부로 빠져나가지 못하고 내부에 축적된다. 따라서 더위에 취약한 코끼리는 다음과 같은 특징을 갖는다.

① 코끼리의 긴 코와 넓적한 귀는 열을 방출하기 위한 대책이다.

② 코끼리는 거의 온몸이 두꺼운 피부로 덮여 있는데 반해, 귀의 피부는 종이처럼 얇다.[71] 일인용 침대 시트만 한 귀를 펄럭이면 바람이 일어 온도를 최대 5℃ 낮출 수 있다.[72] 또한, 귀에 실타래처럼 엉켜있는 혈관이 자동차의 방열기와 같은 구실을 한다.[73]

③ 몸집이 큰 수컷은 하루 동안 200ℓ까지 물을 마시고, 웅덩이나 강에서 목욕을 즐긴다. 코를 이용해 자신들의 몸에 물을 뿌리고 틈이 날 때마다 진흙을 바르며 과도한 열을 떨어뜨린다.

제8장

대형 이족보행 공룡

몸길이는 12~13m이고, 7톤 이상 되는 육중한 몸을 뒷다리만으로 지탱하면서 활보한 동물이 있었다. 두 다리만으로 7톤의 몸을 지탱하고 중심을 잡기 위해, 골반이 특별히 크고 견고하게 발달하였다. 두개골의 길이는 1.5m이고 몸을 세웠을 때의 키가 6m에 이른다. 꼬리를 지면에서 4m의 높이에 수평으로 들고 묵직한 걸음을 내디뎠던 이 거대한 동물은 대형 이족보행 공룡이다. 이 무리의 대표이자 공룡의 대명사격인 티라노사우루스를 소개하겠다.

❶ 골반

티라노사우루스의 힘은 허리, 즉 골반에서 비롯되었다고 해도 과언이 아니다. 골반은 장골, 치골, 좌골 그리고 그 가운데를 지나는 척추로 나뉜다. 동물이 서 있을 때 몸무게를 지탱하기 위해서 척추뼈가 장골에 단단히 융합되어 있다.

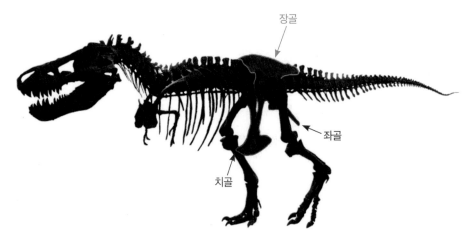

그림8-1. 티라노사우루스 화석

[그림8-1]에서 볼 수 있듯, 장골이 매우 크다. 길이가 대퇴골과 비슷하거나 더 길고, 위쪽 폭은 매우 좁다. 장골은 척추를 둘러 감싸고 있다. 장골과 맞닿은 척추골 6개가 서로 융합하여 크고 튼튼한 뼈의 막대를 만든다. 이 관절을 통해 몸 전체 무게가 오롯이 뒷다리에 실린다. 넓고 오목한 장골 측면 한가운데엔 위에서 아래로 이어진 뚜렷한 능선이 있어서 근육이 부착되기 위한 면적을 넓혔다. 그리고 장골의 앞쪽 아래에 있는 갈고리 모양의 돌출부가 힘줄과 인대를 효율적으로 지탱하였다.

복골

치골

그림8-2. 복골이 있는 티라노사우루스 화석

뒷다리 사이에는 장골과 연결된 치골과 좌골이 각각 앞, 뒤를 향한다. 커다란 삼각형 모양의 치골은 앞을 향해 배 밑으로 길게 나와 있다. 이족보행을 하는 대형 공룡들은 몸의 균형을 잡기 위해서 치골의 하부가 특별히 크게 성장하였다.[74] 티라노사우루스의 치골은 대퇴골과 경골의 이음새까지 아래로 길게 뻗어 배 밑의 복근을 받쳐 주었다. 치골 바로 앞에 복부를 받치는 복골이 좌우로 넓게 퍼져 있다. 복골은 피부 내에 존재하는 진피골로서 다른 부위의 뼈들과 서로 연결되어 있지 않지만, 장기를 보호하고 배가 밑으로 처지지 않게 복부의 각질층을 지지하였다.

가슴에는 한 줄로 늘어선 늑골이 있다. 티라노사우루스의 흉곽은 코끼리처럼 폭이 좁고 속으로 깊다. 가슴을 에워싸는 흉부늑골이 인대를 통해 상당히 굳고 튼튼하게 연합되었을 것이다. 그리고 늑골이 다다르지 못하는 배 밑 부분을 복골과 치골이 받처 주었다.

끝이 뒤를 향하고 있는 좌골에는 꼬리를 들어 올리는 근육이 붙는다. 또한 기다란 꼬리의 척추골에서 튀어나온 가시돌기의 울퉁불퉁한 융기가 있는 가장자리와 위 끝도 강력한 인대와 힘줄, 근육의 부착 부위이다. [그림8-3]을 보면, 꼬리척추뼈의 아래 방향으로 돌출된 가시돌기가 위쪽 가시돌기보다 더 길게 발달하였다. 긴 꼬리를 이루는 꼬리척추뼈의 위아래 가시돌기를 따라 힘줄과 인대가 꼬리 끝까지 견고하게 이어졌을 것이다.

이상을 종합해 볼 때, 흉부늑골부터 아랫배 부분인 복골과 치골을 지나, 좌골로 이어져 꼬리척추뼈의 아래쪽 가시돌기를 따라 꼬리 끝까지 힘줄로 단단히 싸여 있었다.

❷ 꼬리

그림8-3. 티라노사우루스의 곧고 긴 꼬리

몸길이의 절반 이상을 차지하는 긴 꼬리는 곧게 뒤로 뻗어 있다. 꼬리척추뼈가 밑으로 처지는 것을 방지하기 위해 힘줄로 감싸였다. 힘줄로 강화시키는 것은 척추와 꼬리뼈를 강하게 만드는 가장 중요한 수단이다.[75] 「제3장 – 과학노트 〈5〉 힘줄 화석」에서 살펴보았듯이, 가볍고 튼튼한 다공질의 힘줄이 부목처럼 꼬리척추뼈를 받쳐 주고 고정시켰기 때문에 굵고 긴 꼬리를 지면과 수평으로 곧게 세워서 균형을 유지할 수 있었다. 힘줄로 강화된 뻣뻣한 꼬리척추뼈는 운동성이 떨어지지만, 공룡이 움직일 때 역학적인 안정성을 유지해 주었다.

❸ 다리

그림8-4. 근육흔

근육이나 인대가 뼈에 부착되어 있던 부분에는 특징적인 표면 모양, 근육흔이 있는 경우가 많다. 근육에 따라서는 산등성이처럼 융기하거나 관 장식 등 특별한 부착 부위를 발달시킨 것도 있다. 티라노사우루스의 경우, 종아리뼈 앞쪽에서 골반 근육이 연결되었던 뚜렷한 근육흔을 관찰할 수 있다. 또한 장골의 측면이 능선을 이루며 오목하게 들어가 있어, 넓은 면적에 근육이 들어찼다. 양다리 사이에 있는 치골과 좌골도 다리를 움직이는 근육이 부착되도록 표면을 제공한다. 티라노사우루스는 장골에 서부터 양다리 사이와 종아리뼈 앞쪽까지 힘줄이 서로 얽혀 있는 단단한 다리 근육을 발달시켰다. 그래서 7톤 이상 되는 거대한 몸을 단지 뒷다리만으로 지탱하며 활보할 수 있었다.

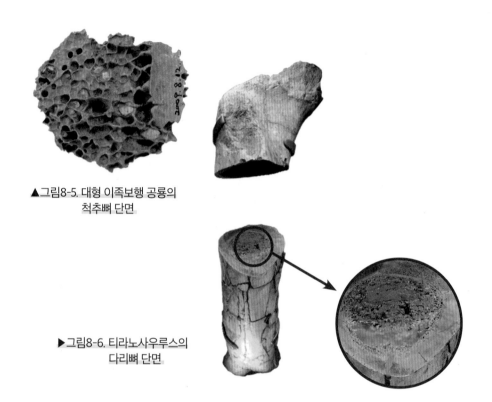

▲그림8-5. 대형 이족보행 공룡의
척추뼈 단면

▶그림8-6. 티라노사우루스의
다리뼈 단면

티라노사우루스의 뒷다리는 의외로 가늘다. 정확히 말하면 뼈의 벽이 얇다. 게다가 다리뼈의 뼛속에 구멍이 많다. 척추뼈 단면에 보이는 구멍은 더 크다. 목과 등의 척추 뼈는 벌집처럼 속이 비고 벽이 얇은 지주와 돌기로 이루어져 있다. 7톤의 무게를 지 탱하면서도 벽이 얇은 뼈대는 그 뼈의 강도가 얼마나 강했는지 알려 준다. 「제3장 − 과학노트 〈4〉 강철을 더 강하게 만드는 구조」에서 살펴보았듯, 질량을 최소화한 얇은 형태의 뼈대가 수 톤의 무게를 지탱하기 위해서는, I−형강처럼 높은 강도를 가져야 한다. 얇고 강한 뼈는 전반적인 질량을 최소화하면서 넓은 면적에 근육을 단단히 묶어 두기에 알맞았다. 티라노사우루스는 강도가 높고 가벼운 척추뼈와 다리뼈로 거대한 몸집을 지탱할 수 있었다.

❹ 걷기

그림8-7. 티라노사우루스의 뒷다리 　　　　 그림8-8. 티라노사우루스의 뒷발

티라노사우루스의 뒷다리는 7톤이나 나가는 거대한 저울의 중심을 받치는 기둥처럼 길고 튼튼하다. 발바닥을 지면에서 뗀 채, 세 발가락으로 발가락보행을 하는 이 거대한 동물은 무거운 체중에도 불구하고 성큼성큼 걸을 수 있었다. 뉴멕시코에서 발견된 티라노사우루스의 발자국은 폭이 85㎝ 정도로 발의 크기만 우산 하나를 펼쳐 놓은 것과 비슷하다.[76] 넓적하고 튼튼한 발에는 앞을 향해 넓게 벌어진 3개의 발가락과 뒤쪽으로 짧은 1개의 발가락이 있다. 발가락마다 안쪽으로 구부러진 커다란 발톱이 있어서 효율적으로 몸의 균형을 잡을 수 있었다.

티라노사우루스가 타조처럼 빠른 속도로 달릴 수 있었을까? 뒷다리만으로 걷는 7톤의 동물이 안정적인 자세를 유지하며 뛰려면, 각 관절에 걸리는 체중을 견디기 위해 한쪽 다리마다 전체 몸무게의 약 43%, 양다리 모두에 몸무게의 86%에 해당하는 근육이 필요하다.[77] 즉, 150㎏의 타조가 내달리듯, 7톤의 티라노사우루스가 뛰는 것은 현실적으로 불가능한 일이다. 다리뼈와 골반에 남아 있는 흔적으로 추정한 근육의 양으로는 성큼성큼 걷는 데 만족해야 할 정도이다. 티라노사우루스가 3m나 되는 긴 다리로 성큼성큼 걷는다면 시속 18㎞ 이상의 속도를 낼 수 있고, 최고 속도는 시속 30㎞ 이내로 머물 것이다.[78]

❺ 체열

몸길이의 절반 이상을 차지하는 티라노사우루스의 긴 꼬리는 코끼리의 긴 코와 넓적한 귀처럼 부피에 비해 표면적이 넓다. 또한 피부의 표면이 [그림8-9]에서 볼 수 있듯, 우둘투둘하다. 작은 타일을 모자이크해 놓은 것 같은 피부는 외부와 맞닿는 표면적이 넓으므로, 물이나 진흙을 묻히며 체열을 식히기에 적합하였다.

그림8-9. 대형 이족보행 공룡의 피부 화석

티라노사우루스에게도 털이 있었다. 중국 랴오닝성에서 발굴된 유티라누스 후알리

(몸길이 9m의 티라노사우루스류)의 뼈 화석 주위에는 가늘고 긴 섬유 모양의 털 흔적이 있다.[79] 빳빳한 털 흔적이 전체 골격 주위에서 발견되며 특히 뒷머리의 털은 길어서 20 ㎝ 정도이다.[80] 티라노사우루스류의 대형 이족보행 공룡도 털을 이용해 적절한 체온을 유지한 것이다. 유티라누스 후알리 화석의 발견으로 대형 이족보행 공룡이 항온동물임이 확증되었고, 이후 공룡 복원도가 빳빳한 가는 털이 덮인 모습으로 바뀌고 있다.

❻ 두개골

그림8-10. 티라노사우루스의 두개골 구조

티라노사우루스의 두개골에서 가장 쉽게 눈에 띄는 특징은 여러 개의 커다란 구멍이다. 맨 앞에는 콧구멍이 있고 바로 다음에 있는 커다란 구멍을 전안와창이라 한다. 전안와창은 두개골에 공기가 들어 있는 공간으로, 무게를 감소시키고 높은 체열을 식히는 기능을 한 것으로 보인다. 전안와창의 크기가 가장 크지만 코와 눈 주위, 그리고 중이 근처에도 여러 개의 작은 구멍들이 있어서 두개골의 무게를 가볍게 하였다.

「제5장 대형 공룡의 호흡」에서 살펴보았듯이, 대형 공룡은 서골이 도드라졌다. 서골은 콧구멍을 양쪽의 두 개로 나누는 비중격을 구성하는 뼈로서, 서골이 크다는 것은 이들이 많은 양의 공기를 들이마실 수 있었다는 것과 후각이 발달했을 가능성이 높다는 것을 의미한다.

일반적으로 이족보행 공룡들의 머리가 크기는 하지만, '공룡의 제왕' 티라노사우루스의 머리는 비정상적일 정도로 거대하다. 티라노사우루스의 머리 길이는 1.5m이고, 폭이 80㎝에 달한다.[81] 앞뒤로 길고 폭이 넓은 큰 머리와 턱의 무게 때문에 상체에 더 이상의 무게를 실을 수 없다. 그래서 앞다리의 무게를 최소화하기 위해 앞다리 길이가 약 80㎝밖에 되지 않았다. 전체 길이 12m, 세웠을 때의 수직 높이가 6m에 이르는 동물이 사람의 팔 길이 정도 되는 앞다리를 가진 것이다. 어깨의 뼈는 적절한 크기이지만, 앞다리가 너무 짧아서 입에 닿을 수도 없다. 그리고 짧은 앞다리 끝에는 2개의 작은 갈고리 발톱이 있다.

너무 짧은 앞다리를 가진 동물의 무게가 7톤에 이른다면, 동물의 행동에 제약이 따랐음을 짐작할 수 있다. 티라노사우루스가 엎드렸다가 다시 일어날 때, 몸에 비해 극단적으로 짧은 앞다리로는 균형을 잡기가 수월치 않다. 짧은 앞다리는 단지 버팀목일 뿐이다. 극히 짧은 앞다리로 땅을 짚고 있는 동안, 무릎을 깊게 구부리고 뒷다리 근육에 힘을 주며 곧고 긴 꼬리를 균형추처럼 쓰면서 신중하게 일어섰을 것이다.

으랏차차!

그림8-11. 앉은 자세의 티라노사우루스 화석

❼ 시야

대부분의 이족보행 공룡들이 길고 갸름한 머리를 갖고 있는 것에 반해, 티라노사우루스의 머리는 두툼하고 짧으면서 넓적하다. 주둥이에서 좁았던 폭이 눈의 위치부터 갑자기 두 배 가까이 넓어진다.[82] 그러다 보니 양쪽 눈구멍은 머리뼈의 옆이 아닌 좀 더 앞을 향해 열려 있어서 두 눈이 정면을 향한다. 또한 눈 앞쪽에 있는 주둥이의 뼈들이 시선을 가리지 않도록 오목하게 들어갔고 콧잔등도 시선보다 낮게 내려가 있다. 이렇듯 장애물 없이 정면을 향해 있는 눈 덕분에 두 눈이 보는 시야가 꽤 넓은 각도로 겹친다. 양쪽 눈의 시야가 겹쳐지는 각도를 교차시야라고 한다. 두 눈의 시야가 많이 겹쳐질수록 거리 판단력과 공간 지각 능력이 높아진다. 티라노사우루스는 두 눈의 시야가 최대 55°까지 꽤 넓은 각도로 겹쳤다. 그래서 극단적으로 짧은 앞다리를 가진 7톤의 티라노사우루스는 뛰어난 공간 지각 능력으로 사물의 거리를 파악할 수 있었다.

반면, 몸길이 12m, 머리 길이 최대 90㎝인 알로사우루스의 두개골은 좁다. 두 눈이 정면을 향해 있지 않기 때문에 정면에서 두 눈을 볼 수 없다. [그림8-12]처럼 정면에서 봤을 때 티라노사우루스의 두 눈이 보이지만, 알로사우루스의 두 눈은 보이지 않는다.

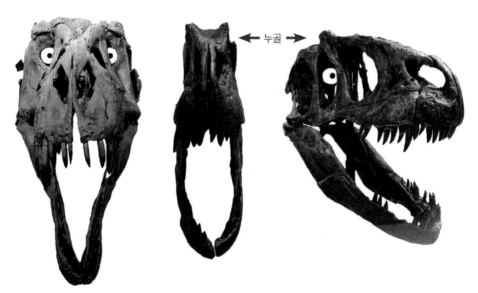

누골

그림8-12. 티라노사우루스(왼쪽)와 알로사우루스(오른쪽)의 시선 비교

알로사우루스의 길고 폭이 좁은 두개골에는 옆면 뒷부분에 눈이 있다. 그래서 두 눈이 동시에 정면을 향할 수 없다. 두개골의 폭이 좁고 양 옆면에 눈이 있는 알로사우루스의 교차시야는 약 20°에 불과하다.[83] 게다가 멋진 뿔장식(누골)이 눈 바로 앞에서 위쪽으로 발달하여 시야를 막는다. [그림8-13]을 보면, 알로사우루스가 미리를 약간 숙인 자세에서조차 높은 콧잔등과 누골 그리고 서로 정반대편에 있는 눈의 위치 때문에, 두 눈으로 정면을 응시하기 어려웠다.

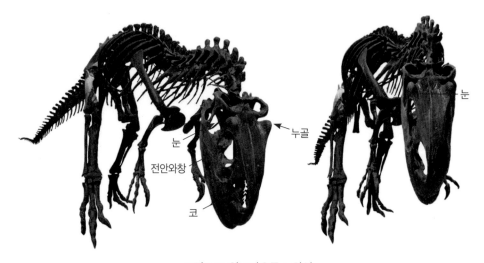

그림8-13. 알로사우루스 화석

대부분의 대형 이족보행 공룡들의 교차시야가 알로사우루스의 교차시야 정도에 그친다. [그림8-14,15]는 카르카로돈토사우루스와 기가노토사우루스의 두개골이다. 둘다 티라노사우루스보다 몸길이가 1m가량 더 긴 대형 이족보행 공룡이다. 두개골도 티라노사우루스보다 길어서 1.6m에 이르며 폭이 매우 좁다. 그리고 좁은 두개골의 양옆 뒤쪽에 양 눈이 있다. 두개골의 양옆, 서로 반대편에 있는 두 눈으로는 동시에 정면을 볼 수 없다. 일반적으로 이족보행 공룡들은 눈이 머리의 양옆에 달려 있기 때문에 오른쪽 눈과 왼쪽 눈의 시야가 거의 겹치지 않았다.[84]

그림8-14. 카르카로돈토사우루스의 옆면과 정면

그림8-15. 기가노토사우루스의 옆면과 정면

　많은 동물들의 눈은 앞으로 향하고 있어 두 눈의 시야가 부분적으로 겹쳐져 잘 발달된 쌍안시를 이룬다. 부분적으로 겹쳐진 시야는 목표물과의 거리를 순간적으로 가늠해야 하는 동물에게 있어서 특히 중요한 거리 판단력과 공간 지각 능력을 갖게 한다. 교차시야가 클수록 쌍안시도 보다 완전해진다. 육식 포유동물은 눈이 정면을 향해 있어 시야 겹쳐짐의 정도가 최대를 이룬다. 전체 시야는 줄지만 발달된 쌍안시로 사냥감에서 눈을 떼지 않고 뒤쫓을 수 있다. 올빼미, 매와 같이 빠르게 날며 사냥하는 조류도 두 눈이 앞을 향한다. 땅에 거의 붙어 다니는 파충류는 두개골의 양옆 혹은 윗부분에 두 눈이 있다. 그래서 두 시야의 겹쳐지는 정도가 비교적 작지만 시력 외에 특별히 발달한 감각 기관을 동원하여 근접거리 잠복사냥을 한다.

　일반적으로, 초식동물의 눈은 측면에 위치해 있다. 이렇게 되면 총 시야가 한쪽 눈의 시야의 두 배가량 늘어나 거의 360°에 이른다. 시야의 겹쳐짐 정도가 작더라도, 넓은 시야 덕에 육식동물이 어떤 방향에서 접근해 오든 그 움직임을 탐지할 수 있다.

그림8-16. 육식동물(위)과 초식동물(아래)의 눈의 위치 비교

　　[그림8-17]은 몸길이 12m에 이르는 대형 이족보행 공룡 아크로칸토사우루스 화석이다. 커다란 두개골은 길고 폭이 좁으며, 머리의 양옆에 눈이 있다. 서로 정반대편에 있는 두 눈으로는 정면을 응시할 수 없다. 지상으로부터 3~5m 높이에서 내려다보는 동물의 두 눈이 쌍안시가 발달하지 않았다면, 이 동물은 빠른 물체를 쫓을 수 없다. 물론 뒷다리만으로 4톤 이상의 몸무게를 지탱하는 아크로칸토사우루스가 다른 동물

을 뒤쫓아 뛸 수도 없는 노릇이다. 아크로칸토사우루스는 키 5~6m의 기린처럼 높은 곳에서 주변을 둘러보기에 적합하도록, 두개골의 옆면 뒷부분에 위치한 눈을 갖고 여유롭게 걸음을 내디뎠다.

그림8-17. 아크로칸토사우루스 화석

▲ 카르노타우루스
- 길이 9m, 무게 2톤
- 두개골이 매우 짧고 폭이 넓어서 두 눈이
  정면을 향한다.
- 큰 뿔이 눈 바로 위에 솟아 있다.
- 앞다리가 거의 없다시피 짧다. 아주 작은 4
  개의 앞발가락이 있는 앞발은 매우 작고,
  발목이 움직이지 않았다.

양추아노사우루스 ▶
- 길이 8~10m, 무게 2톤
- 두개골이 길고 폭이 좁아서 두 눈이 두개
  골의 양옆, 서로 반대편에 있다.
- 코 부분에 좌우로 물결 모양의 넓은 뼈볏
  이 있다.
- 앞다리가 카르노타우루스 보다 길고, 3개
  의 앞발가락이 있다.

그림8-18. 이족보행 공룡의 시야와 앞다리 길이 비교

좁은 두개골

- 몸길이 6m
- 두개골이 길고 폭이 좁아서 두 눈이 두개골의
  양옆, 서로 반대편에 있다.
- 턱이 약하고 이빨은 가늘다.
- 머리뼈 양쪽에 30㎝ 정도의 뼈로 된 반달 모양
  의 벼슬이 있다.
- 앞발이 튼튼하고 앞발톱은 갈고리 모양이다.

그림8-19. 딜로포사우루스 화석

'공룡의 제왕' 티라노사우루스의 거대한 몸집과 큰 머리, 정면을 응시할 수 있는 두 눈은 대단히 위협적으로 보였을 것이다. 이에 반해, 머리의 폭이 좁은 대부분의 이족보행 공룡들은 정면이 아닌 옆면에서 눈동자를 볼 수 있다. 이 동물들은 눈이 머리의 양옆에 달려 있기 때문에 오른쪽 눈과 왼쪽 눈의 시야가 거의 겹치지 않았다. 폭이 좁은 두개골은 무게가 덜 나가므로 상체에 무게를 더 실을 수 있다. 그래서 앞다리가 짧기는 해도 티라노사우루스보다는 조금 더 길다.

❽ 이빨

티라노사우루스의 1.2m나 되는 무겁고 커다란 턱에는 60여 개의 이빨이 듬성듬성 나 있다. 턱의 맨 앞 이빨은 작고, 중간 부분에서 크고 길었다가 턱의 가장 안쪽에서 다시 짧아진다. 그중 가장 긴 것은 길이가 약 30㎝에 이른다. 이빨은 바나나처럼 두 껍고 턱의 안쪽을 향해 약간 굽은 형태를 하고 있으며 [그림8-20]에서 볼 수 있듯, 양쪽 모서리를 따라 톱니 모양의 돌기가 촘촘하게 발달해 있다.

그림8-20. 티라노사우루스의 이빨 테두리 (출처: 경보화석박물관 전시 사진)

티라노사우루스류를 제외한 대부분의 대형 이족보행 공룡들 즉, 알로사우루스류, 메갈로사우루스류, 카르카로돈토사우루스류의 이빨은 납작하고 굽은 칼날이다.[85] 턱 의 어느 부위 이빨이든지 크기만 차이 날 뿐 납작한 칼날처럼 생겼고, 뒤쪽으로 휘어 있으며, 가장자리를 따라 톱니 모양 돌기가 돋아 있다. 이빨의 앞뒤 가장자리를 따라 촘촘히 돋은 톱니를 현미경으로 보면, 끝이 뭉뚝한 아주 작은 이빨처럼 보인다. 상대적으로 강도가 약한 작은 톱니 구조는 뼈를 가격하는 정도의 충격에 취약할 수밖에 없다.

　[그림8-21]은 카르카로돈토사우루스의 이빨 화석이다. '상어 이빨의 공룡'이라는 뜻의 카르카로돈토사우루스는 몸길이 13m, 머리 길이도 1.6m에 이르는 단연 최고의 덩치를 가진 대형 이족보행 공룡이다. 이빨은 티라노사우루스보다 많이 작고 일견 상어의 이빨과 흡사해 보인다. 전체적으로 납작하면서 약간 휘어 있고 이빨의 가장자리를 따라 돌기가 촘촘하게 돋아 있다. 작은 돌기는 상대적으로 강도가 약하다. 그리고 이빨이 납작해서 좌우로 뒤틀릴 경우 쉽게 부러져 버릴 수 있다. 즉, 납작하고 가장자리에 돌기가 촘촘히 돋은 카르카로돈토사우루스의 이빨은 뼈를 깨물거나 부수는 등 강한 충격을 견디기 어렵다.

정면▶

옆면▶

그림8-21. 카르카로돈토사우루스의 이빨 화석: 칼날같이 납작하고
굽은 이빨의 가장자리를 따라 톱니 모양의 돌기가 돋아 있다.

육상에서 '상어 이빨'과 같은 형태가 충격에 취약하지만, 물속에 사는 상어에게는 최적의 사냥 도구다. 백상아리의 이빨에는 가장자리를 따라 날카로운 톱날 모양의 돌기가 돋아 있다. 톱날 구조는 자르는 기능을 보다 효율적으로 수행할 수 있게 한다. 피부 속으로 들어갈 때뿐만 아니라 나올 때 한 번 더 조직을 베어 낼 수 있다. 그리고 톱날은 이빨과 먹잇감의 연부조직 사이의 접촉면적을 감소시켜서 결과적으로 마찰력을 줄여 준다. 백상아리는 각종 어류와 바다표범, 고래 등을 사냥한다. 물고기와 두꺼운 지방층으로 둘려 있는 유선형의 해양 포유류가 백상아리의 이빨에 충격을 덜 주는 편임에도 불구하고, 양쪽 가장자리에 돌기가 있는 이빨은 쉽게 부러진다. 부러진 이빨은 바로 교체된다. 백상아리의 이빨은 턱뼈에 박혀 있지 않고 잇몸에 붙어 있어서 지속적으로 이빨을 교체할 수 있다. 백상아리는 평생 30,000개 정도의 이빨이 나고 여러 개의 치열을 이루는데, 바깥쪽 두 개의 열만이 기능을 한다. 나머지 치열은 턱 안쪽 피부 밑에 있다가 이빨이 빠지거나 부러졌을 때 안쪽의 이빨이 밀려나와 빠진 이를 대체한다.

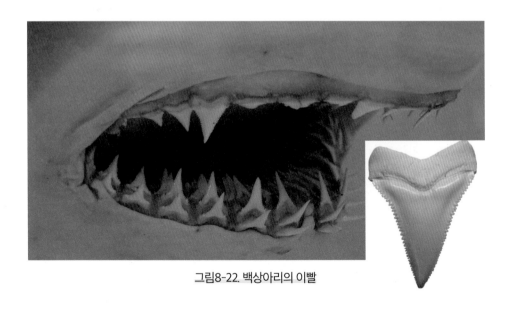

그림8-22. 백상아리의 이빨

부력 없이 중력을 고스란히 자신의 뼈대로 거스르는 육상 동물은 수생 동물보다 더 단단한 뼈대를 갖는다. 또한 육상 포유류가 몸에 난 털을 이용해 체온을 유지하는 데 반해, 해양 포유류의 유선형 몸은 두꺼운 지방층으로 둘려 있다. 사냥감의 뼈의 강도와 지방층의 두께가 다르므로 육상에서 사냥하기 위해서는 더 강한 이빨을 가져야 한다. 사자, 호랑이, 하이에나, 늑대 등의 육상 사냥꾼들은 매끈하고 굵은 원뿔 모양의 송곳니로 사냥감을 문다. 먹잇감 깊숙이 송곳니를 박아 넣었다가 빼기를 반복하여도 단면이 둥글고 굵은 송곳니는 쉽게 깨지거나 부러지지 않는다.

원뿔 모양의 이빨은 충격에 강하지만, 납작하고 구부러진 칼날 같은 이빨은 뼈를 가격하면서 깨지거나 부러질 가능성이 크다. 게다가 가장자리를 따라 촘촘하게 돋아 있는 톱니 모양의 돌기가 이빨의 강도를 더욱 약하게 한다. 상대적으로 강도가 약한 돌기 부분은 쉽게 깨질 수 있다. 뼈를 물면서 이빨의 일부분이 깨지거나 금이 가면 그 이빨은 부러지기 쉽다. 이빨이 망가지는 것은 육식동물에게 심각한 타격이다. 스테이크용 칼 같이 톱니가 있는 이빨이 스테이크를 썰기에 적절하여도, 처절한 사냥에서 오는 충격을 견딜 수는 없다. 사냥은 먹는 입장에서 굶주림을 면하고 새끼를 키우기 위한 절박한 사투이자, 먹히는 동물에게 목숨을 건 도망과 저항이다. 강한 뼈대를 가진 육상 동물의 살기 위한 몸부림을 제압하기 위해서는, 무게를 실어 내리누를 수 있는 강한 앞발과 단면이 둥글고 날카롭게 위아래를 향해 있는 사냥용 이빨이 필요하다. 그럼에도 대형 이족보행 공룡에게는 짧은 앞다리와 납작한 형태의 안쪽으로 굽은 이빨이 있고, 이빨의 가장자리를 따라 톱니가 촘촘히 돋아 있다.

티라노사우루스의 이빨은 대형 이족보행 공룡들 중에서도 가장 크고 두껍다. 티라노사우루스의 두툼한 이빨이 돌기 없이 매끄럽다면, 뼈를 부술 수도 있을 것이다. 하지만 가장자리를 따라 촘촘하게 돋아 있는 톱니는 충격에 약하다. 엎드렸다 일어날 때 제 한 몸을 일으키기조차 힘겨운 앞다리 때문에, 티라노사우루스가 사냥을 하려면 오롯이 턱의 힘만으로 상대를 제압해야 한다. 그런데 상대는 공룡이다. 공룡들은 커다란 몸집을 지탱하기 위해 단단한 뼈대를 가졌다. 일단 물었다고 했을 때, 앞다리로 제압되지 않은 상대가 어떤 방향으로 큰 골격을 이용해 반격해 올지 예상조차 할 수 없다. 티라노사우루스가 거대한 공룡을 앞다리의 도움 없이 턱의 힘만으로 사냥했다면, 두개골과 특히 이빨에 큰 충격을 받는다. 이빨의 가장자리를 따라 빼곡하게 돋아 있는 돌기가 부서지며 결국 이빨이 손상될 것이다. 이빨의 테두리를 따라 돋은 돌기뿐만 아니라 치아뿌리가 전체 이빨 길이에 비해 짧아 충격에 취약하다.

그림8-23. 티라노사우루스의 이빨 화석: 이빨의 앞뒤 가장자리를 따라 돌기가 촘촘히 돋아 있다.

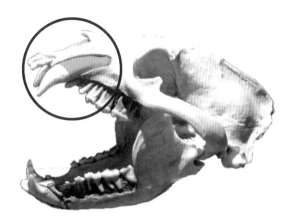

▶ 호랑이 송곳니의 치아뿌리

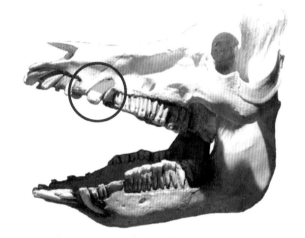

▶ 멧돼지 송곳니의 치아뿌리

그림8-24. 육식동물과 잡식동물의 치아뿌리 비교

육식성 포유류는 날카로운 송곳니를 가졌다. 격한 사냥 과정에서 뼈를 가격하는 송곳니는 매끄러운 원뿔 모양이고 치아뿌리가 매우 길다. [그림8-24]에서 볼 수 있듯, 육식성 동물의 송곳니 치아뿌리가 잡식성 동물보다 턱뼈에 깊게 박혀 있다. 반면에 티라노사우루스의 이빨은 턱에 박힌 치아뿌리가 상대적으로 짧다. 앞다리가 너무 짧아서 오로지 턱의 힘만으로 당기고 뜯어야 하는데, 각각의 이빨은 거대하지만 듬성듬성 나 있어 이빨끼리 서로 받쳐 주지 못했고, 턱에 박힌 치아뿌리가 짧아 강한 충격에 취약하였다.

잇몸 속에 감춰져 쓰이지 않았던 부분까지 합치면 티라노사우루스의 이빨은 최대 30㎝에 이른다.[86] [그림8-25]를 보면, 검게 변한 위쪽 부분이 잇몸 밖으로 드러나 이빨로서의 기능을 수행했다. 그리고 아래쪽 갈색 부분은 잇몸 속에 있는 이빨이다. 잇몸 속 부분은 잇몸 위로 드러난 이빨에 비해 2배 이상 길다. 단, 턱뼈에 박힌 치아뿌리는 짧다. 육식 포유동물은 먹이를 물어뜯기 위해 치아뿌리가 턱뼈에 깊게 박혀 있다. 반대로 백상아리는 수시로 이빨을 교체하기 때문에 턱이 아닌 잇몸에 이빨이 붙어 있고, 그나마 잇몸 속에 박힌 이빨 부분도 짧아 빠지기 쉽다. 티라노사우루스의 이빨은 이 두 경우와 모두 다르다. 티라노사우루스의 이빨은 잇몸 속 부분이 길지만, 정작 턱에 박힌 치아뿌리가 짧다. 턱뼈에 박힌 부분이 짧아 강한 충격에 취약하면서도, 잇몸 속 부분이 길어서 쉽게 이갈이를 할 수 없다. 이빨의 테두리에 돌기가 있는 이빨로 단단한 뼈를 가진 육상 동물을 사냥했다면 쉽게 손상되는 만큼 백상아리처럼 이갈이를 했어야 하지만, 대단히 기다란 이빨은 수시로 교체될 수 없다.

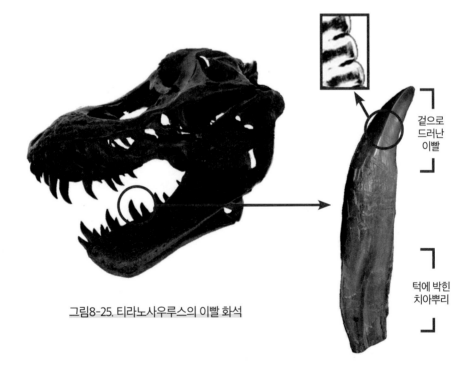

그림8-25. 티라노사우루스의 이빨 화석

겉으로 드러난 이빨

턱에 박힌 치아뿌리

그림8-26. 카마라사우루스의 이빨 교체

그림8-27. 티라노사우루스의 이빨 교체

「제2장 공룡의 이빨」에서 살펴본, 800여 개의 트리케라톱스 이빨이나 1,000여 개나 되는 에드몬토사우루스 이빨은 식물을 잘게 갈다가 망가지거나 닳으면 수시로 교체되었다. 대형 목긴공룡 카마라사우루스는 이들처럼 수시로 이빨을 교체하지 않고 어느 정도 기한이 다하면 이빨을 교체하였는데, 티라노사우루스의 이빨 교체와 유사하다. [그림8-26]에서 볼 수 있듯, 촘촘한 이빨 사이로 카마라사우루스의 새 이빨이 나고 있다. 삽처럼 생긴 검은색 부분이 겉으로 드러난 이빨이고, 삽자루에 해당하는 긴 갈색 부분은 잇몸 속 이빨이다. 치아뿌리가 짧고 전체적으로 기다란 이빨은 충격에 취약하므로 단단한 식물을 뜯는 과정에서 이빨이 손상되는 만큼, 평생에 걸쳐 교체되었다.

[그림8-27]은 티라노사우루스의 아래턱뼈 화석이다. 티라노사우루스의 턱 안에서 낡은 이빨을 밀어 올리며 새 이빨이 자라나오고 있는 모습을 볼 수 있다. 듬성듬성 나 있는 이빨의 아랫부분에 작은 이빨이 돋아났다. 맨 위 검은색 부분이 겉으로 드러난 이빨이다. 이빨의 갈색 부분은 잇몸 속에 숨겨진 부분이며, 턱에 박힌 치아뿌리가 짧다. [그림8-27]을 보면, 듬성듬성한 이빨과 이빨 사이에 빈 공간이 있다.

이빨이 교체되는 동안 꽤 넓은 공간이 이처럼 빈 채로 있었을 것이다.

❾ 식성

'폭군 왕 도마뱀', 티라노사우루스의 골격 화석을 보고 있으면, 몸길이 12m에 이르는 거대한 몸집, 커다란 턱과 이빨에 놀라움을 금치 못한다. 게다가 이름에서 풍겨오는 포악함이 화석에 서늘함을 더해 준다. 이 동물이 살아서 움직인다고 상상해 보자. 뒷다리만으로 7톤의 무게를 지탱하며 긴 꼬리를 꼿꼿하게 치켜들고 걸었다. 7톤은 70kg의 100배, 남성 100여 명의 무게이다. 단지 뒷다리만으로 7,000kg을 지탱하는 거구에게 뛴다는 것은 너무나 벅찬 일이다.

대표적인 육상 사냥꾼들, 호랑이(90~310kg), 사자(110~250kg), 치타(45~75kg), 하이에나(10~80kg)의 무게는 사냥을 위해 가속을 하거나 먹잇감을 지속적으로 뒤쫓을 만하다. 큰곰(100~640kg)이 가장 덩치가 크지만 잡식성인 것을 감안하자. 곰을 포함하여도 육상 사냥꾼의 무게는 1톤을 넘지 못한다. 먹잇감을 뒤쫓아 뛰는 동물은 가속과 감속이 되어야 한다. 그런데 뒷다리만으로 7톤을 지탱하는 거구가 사냥을 위해 가속을 할 수 있겠는가? 부상 없이 감속이 될까? 티라노사우루스가 두 발로 달릴 경우 한 발에 최대 10톤 정도의 하중이 가해진다.[87] 근골격계에 엄청난 부담이 가는 것이다. 뒷다리만으로 걷는 7톤의 동물이 자기 몸무게와 함께 빠른 속도로 달릴 때의 어마어마한 충격을 감당하기 위해선, 양쪽 뒷다리에만 5톤 이상의 근육이 붙어야 한다. 즉, 티라노사우루스가 긴 뒷다리를 이용해 시속 18km 이상의 속력으로 성큼성큼 걸었어도, 타조처럼 내달리는 것은 불가능하다.

몸무게로만 보면 티라노사우루스와 엇비슷한 아프리카코끼리는 도약이나 뛰어 오르기, 뛰거나 달리기를 하지 않는다. 다리를 비교적 곧게 편 채 보폭을 넓혀, 같은 쪽 앞, 뒷발을 동시에 들어 빨리 걸을 뿐이다. 코끼리는 뼈에 과도한 압력이 가해지지 않도록, 특히 구부러지는 압력을 피하여 부상을 방지한다. 만약 티라노사우루스가 뒷다리만으로 뛰다가 넘어졌다면, 수 톤의 압력과 관성을 고스란히 온몸으로 받아내야 한다. 앞다리가 너무 짧고 작기 때문이다. 티라노사우루스의 앞다리는 사람의 팔과 비슷한 길이와 두께이다. 그나마 몸 밖으로 나오는 부분은 사람의 팔뚝 길이 정도밖에 되지 않는다. 단순히 엎드렸다가 일어나는 것도 코끼리보다 신중히 움직여야 했을 것이다. 티라노사우루스의 골격은 마치 다리를 중심으로 시소 같은 구조다. 큰 몸집에 긴 꼬리를 감안하면 한 번 방향을 바꾸기 위해 상당한 에너지와 시간이 소모된다. 머리부터 꼬리까지 각도를 45° 돌리는 데 2초나 걸렸을 것이라는 주장도 있다.[88] 이런 체형의 동물에게 씌워진 난폭한 사냥꾼의 이미지는 1.2m의 턱과 커다란 이빨에서 비롯되었다. 턱과 이빨은 뼈를 부술 수 있을 듯 강해 보인다. 하지만 목긴공룡, 오리주둥이공룡, 뿔공룡, 골판공룡, 갑옷공룡 등 맞닥뜨려야 할 상대들도 큰 몸집을 지탱하기 위해 매우 강한 뼈대를 갖고 있다. 몸무게가 늘어나면, 관성과 충격력이 커진다. 대형 목긴공룡의 몸에, 티라노사우루스가 거세게 부딪치기만 해도 다리뼈가 부러져 생을 마감해야 했을 것이다.[89] 뿔과 갑옷, 골판으로 무장한 수 톤의 공룡들을 앞다리의 도움 없이 턱으로 찍는다면, 오히려 자신이 골절될 수 있다. 게다가 티라노사우루스의 거대한 이빨 자체가 충격에 약한 특징을 갖는다. 이빨의 테두리를 따라 촘촘하게 돋아 있는 톱니 모양의 작은 돌기들은 강한 충격을 받으면 깨지거나 부서져서 이빨이 쉽게 손상될 수 있다. 또한 이빨이 크고 길어도, 전체 이빨에 비해 턱에 박힌 치아뿌리가 짧아 내리찍거나 물어뜯는 등의 강한 힘을 견딜 수 없다.

다른 대형 이족보행 공룡들도 마찬가지이다. 뒷다리만으로 수 톤의 무게를 지탱하고 앞다리는 상대적으로 짧다. 이들은 길고 폭이 좁은 두개골의 양옆, 한쪽 눈의 정반대편에 다른 쪽 눈이 있어서 두 눈의 시야가 거의 겹치지 않았다. 두 눈의 바로 앞이나 위쪽에 있는 높은 주둥이뼈 또는 누골이 시야를 막아 고개를 약간 숙이고도 정면을 보기 어려웠다. 지상에서 3~5m 높이에 있는 두 눈으로 정면을 보지 못하면, 움직이는 물체를 응시하며 쫓을 수 없다. 눈의 거리 감각이 둔하므로 잠복하고 기다리다가 순간적으로 덮쳐야 하는데, 대형 이족보행 공룡들은 잠복사냥을 할 수 있는 체형이 아니다. 매복이나 기습을 하기에는 앞다리가 너무 짧아 순간적으로 몸을 일으켜 재빨리 이동할 수 없고, 몸집이 지나치게 크다. 또한 이빨이 납작하고 테두리를 따라 돌기가 돋아 있어 사냥과 같은 큰 충격에 취약하다. 즉, 대형 이족보행 공룡은 영화에서처럼 날렵한 사냥꾼일 수 없다. 수 톤의 거구들이 간혹 싸움을 했을지언정 사냥은 하지 못했다.

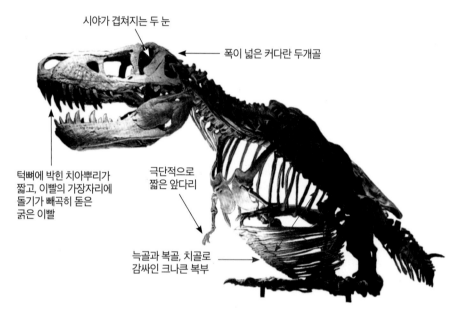

시야가 겹쳐지는 두 눈

폭이 넓은 커다란 두개골

턱뼈에 박힌 치아뿌리가 짧고, 이빨의 가장자리에 돌기가 빼곡히 돋은 굵은 이빨

극단적으로 짧은 앞다리

늑골과 복골, 치골로 감싸인 크나큰 복부

그림8-28. 티라노사우루스 화석

대형 이족보행 공룡이 날렵한 사냥꾼이 아니라면, 그들의 독특한 이빨로 무엇을 어떻게 먹었을까? 두 가지 식성이 가능하다.

첫째, 초육식성일 수 있다. 순 살코기만 먹었다는 뜻이다. 다른 말로 하자면, 살코기만 먹는 시체청소부였을 것이다. 육식 포유동물의 이빨과 턱은 다양한 사냥행동과 섭식행동을 반영하는 특수화된 구조를 보여 준다. 예를 들어 곰의 잡식성은 그들의 치열에 나타나 있다. 맨 앞의 송곳니는 살을 뚫기 위한 것이고, 맨 뒤의 어금니는 식

물성 먹이를 잘게 갈아 처리한다. 뼈 부수기 전문가, 하이에나는 뼈를 물어뜯을 수 있
는 이빨과 턱을 지니고 있다. 그러나 대형 이족보행 공룡에서는 잡식성이나 전문적인
뼈 부수기 능력을 보여 주는 분명한 증거가 보이지 않는다.[90] 대부분의 대형 이족보행
공룡에서 전형적으로 나타나는, 날카롭고 뒤로 구부러져 있으며 톱니가 있는 이빨은
뼈를 건드리지 않고 살만 떼어 먹는 데 알맞았다. 몸부림이 없는 사체는 납작한 칼날
모양의 이빨에 충격을 주지 않는다. 그리고 이빨의 앞뒤 모서리에 있는 톱니가 스테
이크 칼처럼 먹이에서 근섬유를 쉽게 분리할 수 있다.

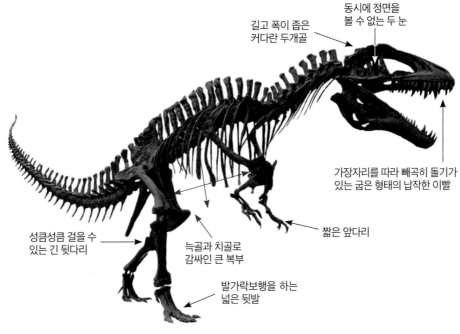

길고 폭이 좁은
커다란 두개골

동시에 정면을
볼 수 없는 두 눈

가장자리를 따라 빼곡히 돌기가
있는 굽은 형태의 납작한 이빨

짧은 앞다리

성큼성큼 걸을 수
있는 긴 뒷다리

늑골과 치골로
감싸인 큰 복부

발가락보행을 하는
넓은 뒷발

그림8-29. 아크로칸토사우루스 화석

둘째, 초식성일 수 있다. 제한된 자원에서 몸집을 크게 유지하기 위해서는 먹이 사
슬의 가장 밑바닥을 택하는 것이 가장 합리적이다. 오늘날 육상 동물 중에서 가장 거
대한 코끼리는 풀을 먹고, 바다에서 가장 거대한 동물인 고래와 가장 거대한 어류인
고래상어는 플랑크톤을 먹고 산다. 고래가 입을 벌린 채 헤엄치기만 해도 엄청난 양

의 플랑크톤을 손쉽게 먹을 수 있다. 그리고 초식
을 하는 대형 동물은 많은 양의 풀을 소화하기 위
해 복부의 부피가 크다. 티라노사우루스의 복부는
늑골과 복골, 치골로 감싸여 있다. [그림8-30]에
서 볼 수 있듯, 늑골과 복골로 감싸인 복부가 매우
넓다. 치골은 대퇴골과 경골의 이음새까지 길게
뻗어 있다. 이렇게 깊고 넓은 복부를 가진 거대한
육상 동물은 코끼리처럼 초식성일 가능성이 높다.

그림8-30. 티라노사우루스의 복부

시체청소부이든 사냥꾼이든 초대형 육식동물이
라면, 엄청나게 많은 고기를 먹어야 한다. 고기를
얻기 위해서는 드넓은 활동영역이 필요하다. 육식동물의 행동권은 초식동물의 10배
이상이다. 예를 들어, 사자는 누보다 개체군 밀도가 훨씬 낮아야 하고, 사자가 지속
가능한 개체군 수를 계속 유지하는 데에는 대륙 규모의 지리적 범위가 필요하다.[91] 큰
동물일수록 행동권이 넓은데, 행동권의 넓이는 체중에 비례한다.[92] 티라노사우루스는
아프리카사자 28마리의 무게와 맞먹는다. 즉, 사자 한 종을 장기적으로 부양하는 데
대륙 규모의 지리적 범위가 필요하다고 본다면, 티라노사우루스를 위해서는 28개의
대륙에 맞먹는 면적이 요구된다는 것이다. 이런 추정치는 7톤의 육상 동물이 육식성
일 경우에 맞게 되는 생태적 장벽이다.

큰 동물을 사냥하면 그만큼 한꺼번에 많이 먹을 것이라고 생각할 수 있겠다. 하지
만 큰 먹이를 잡아먹는 동물들은 대체로 자기 체중의 약 10분의 1 크기의 먹잇감을
잡아먹는다.[93] 육식동물은 먹이를 먹기에 앞서 일단 먹잇감을 공격하여 쓰러뜨려야
하기 때문에, 이빨과 발톱이 날카롭다고는 해도 커다란 먹잇감을 다루는 데는 한계
가 있기 마련이다. 그런데 티라노사우루스의 극히 짧은 앞다리에 있는 발톱은 전혀
사냥과 거리가 멀고, 이빨은 사냥에 적합하지 않다. 턱에 박힌 치아뿌리가 전체 이빨

길이에 비해 너무 짧고, 이빨의 가장자리를 따라 톱니 구조가 발달하여 충격에 취약하다. 육상 동물로서 톱니 구조의 이빨을 가진 것은 식물을 손쉽게 자르기 위한 것이다.『제2장 공룡의 이빨』에서 살펴보았

▲이구아노돈류의 이빨 화석

▲알로사우루스류의 이빨 화석

듯이, 테두리를 따라 톱니 같은 돌기가 있는 이빨은 식물을 베어 내며 잘게 써는 기능을 했다. 이구아노돈의 턱에 줄지어 촘촘하게 이어진 이빨마다 그 가장자리에 톱니 모양의 돌기가 있어서 식물을 잘게 찢을 수 있었다. 플라테오사우루스의 작은 턱에는 작은 이빨들이 빼곡히 들어차 있다. 작고 납작한 이빨의 가장자리를 따라 돋은 거칠한 톱니 모양의 돌기가 많은 식물을 잘게 베어 냈다. 파키케팔로사우루스의 이빨은 더 작다. 납작하고 안쪽으로 휘어 있는 칼 모양의 작은 이빨에는 앞뒤 가장자리를 따라 돌기가 있다. 식물을 단단히 물고 뒤쪽으로 잡아당기면, 테두리에 돌기가 발달한 납작하고 안쪽으로 휘어 있는 이빨이 식물을 잘게 잘라내었다. 카르카로돈토사우루스, 기가노토사우루스, 알로사우루스, 티라노사우루스 그 이름만으로도 위협이 되는 대형 이족보행 공룡들의 커다란 이빨에도 가장자리를 따라 작은 돌기가 빼곡히 돋아 있어 식물을 당겨 찢으면서 잘게 썰 수 있었다.

◀플라테오사우루스의 이빨 화석

그림8-31. 이빨의 테두리를 따라 돋아 있는 톱니 모양 돌기 비교

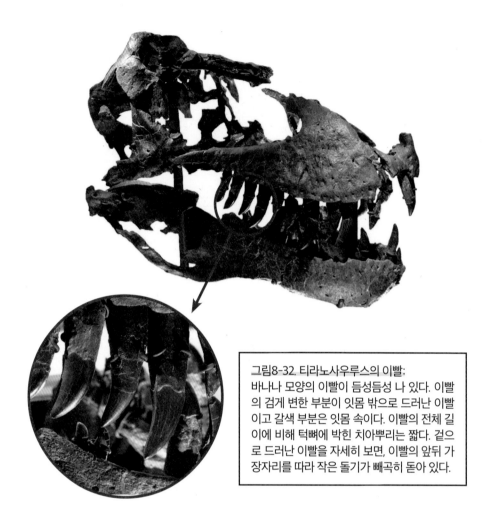

그림8-32. 티라노사우루스의 이빨: 바나나 모양의 이빨이 듬성듬성 나 있다. 이빨의 검게 변한 부분이 잇몸 밖으로 드러난 이빨이고 갈색 부분은 잇몸 속이다. 이빨의 전체 길이에 비해 턱뼈에 박힌 치아뿌리는 짧다. 겉으로 드러난 이빨을 자세히 보면, 이빨의 앞뒤 가장자리를 따라 작은 돌기가 빼곡히 돋아 있다.

앞발톱

앞발톱 길이 60㎝에 앞다리가 2.4m가 넘는 테리지노사우루스는 지구상에 살았던 동물 중 가장 긴 발톱을 가졌다. 길게 뻗은 앞발톱을 갈퀴처럼 사용하여 주변 식물을 긁어모았을 것이다. 북아메리카에서 발견된 노스로니쿠스는 앞발톱의 길이가 30㎝ 정도인데, 자신의 머리와 크기가 비슷하였다. [그림8-33]에서 볼 수 있듯, 앞발톱이 상당히 휘어 있어 식물을 움켜잡기에 알맞았다.

안구를 지탱하는 뼈의 테

낫처럼 휜 앞발톱▶

그림8-33. 노스로니쿠스 화석

1965년 몽골 고비 사막에서, 2.4m의 앞다리 화석이 1.5m의 어깨뼈와 붙은 채 출토되었다. 앞발톱은 갈고리 모양으로 구부러져 있고 약 20cm이었다. 앞다리만 발견된 공룡 화석[그림8-34]은 '독특한 무서운 손'이라는 뜻의 데이노케이루스라고 명명되었다. 이후 2006년과 2009년, 한국—몽골 국제 공룡탐사팀에 의해 머리뼈와 발뼈를 제외한 데이노케이루스의 거대한 앞발과 몸통뼈가 발견되었다. 머리뼈와 발뼈는 도굴되었다가 기증 형식으로 몽골에 반환되어 데이노케이루스의 전체 골격이 뒤늦게나마 드디어 드러났다. 데이노케이루스는 몸길이가 11m이고 목이 길며, 등과 허리의 신경배돌기가 높게 솟아 있다. 오리주둥이 같은 넓적한 부리가 발달하였고 이빨이 없다. 드러난 전체 모습도 앞발만큼이나 독특한 이 공룡은 긴 앞다리와 자유롭게 쥐고 펼 수 있는 '독특한 무서운 손'을 사용해 넓은 범위의 식물을 움켜쥐고 잘랐을 것이다. 세 개의 앞발가락은 사람의 손가락처럼 서로 맞닿아 거머쥘 수 있었다.

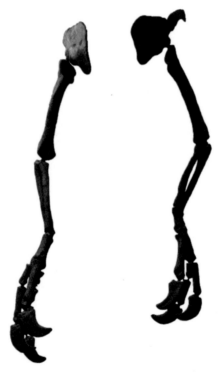

그림8-34. 데이노케이루스의 앞다리 화석

안구를 지탱하는
뼈의 테

갈고리 모양의 앞발톱▶

뒷발의 두 번째 '무서운 발톱'▶

그림8-35. 데이노니쿠스 화석의 옆면과 정면

'무서운 발톱'이라는 뜻의 데이노니쿠스는 가볍고 날렵한 몸과 길고 가느다란 다리를 가진 이족보행 공룡이다. [그림8-35]를 보면, 뻣뻣한 긴 꼬리가 곧게 뒤로 뻗어 있다. 가느다란 뼈막대로 이루어진 덮개가 꼬리의 $\frac{3}{4}$을 덮으며 단단하게 부착되어 꼬리를 꼿꼿하게 하였다. 앞발에는 크고 날카로운 갈고리 모양의 발톱이 있다. '무서운 발톱'은 뒷발의 두 번째 발톱이다. 뒷발에는 각각 네 개의 발톱이 있는데, 첫째 발톱은 작아서 지면에 닿지 않았고, 두 번째 발톱은 다른 발톱보다 두 배나 길며 낫처럼 위로 구부러져 들려 있다. 셋째, 넷째 발톱과 발가락은 거의 같은 크기이고 주행에 쓰였다. 날카로운 둘째 발톱의 용도에 대해 혹자는 다른 동물의 살을 자르고 갈랐을 것이라고 하지만, 실물 크기의 데이노니쿠스 뒷다리 로봇이 돼지고기를 찌르게 하는 실험에서 돼지의 피부에 겨우 구멍을 낼 뿐이었다.[94] 날카로운 발톱 끝으로 구멍은 냈어도 발톱 아랫부분이 둥글고 무디기 때문에 베거나 가를 수가 없었다. 뒷발의 큰 발톱은 다른 동물의 살을 가르는 것이 아니라 나무 위로 올라가거나 단단한 식물을 깨는 데 사용되었을 것으로 추정된다.

데이노니쿠스의 단단한 턱에는 위아래 60여 개의 이빨이 나 있다. 작은 이빨들은 안쪽으로 휘어진 형태이며 납작하고, 테두리를 따라 돌기가 돋아 있다. 대부분의 육식동물이 상대를 물어 죽일 때 사용하듯 날카롭게 아래를 향해 있지 않으며, 이빨이 뒤쪽으로 휘어져 있다. 굽은 형태의 납작하고 작은 이빨은 강한 충격에 취약하다. 게다가 작고 납작한 이빨의 가장자리를 따라 톱니가 나 있어서, 이빨이 뼈를 가격하게 되면 더욱 부러지기 쉽다. 데이노니쿠스는 턱 안쪽을 향해 낫처럼 휘어 있는 날카롭고 납작한 형태의 이빨로 (눈앞에서 도주하는 먹잇감이 아닌) 많은 식물을 단단히 물고 머리를 뒤쪽으로 잡아당기며 잘게 썰었을 것이다. 이때 이빨의 양쪽 가장자리를 따라 돋은 돌기가 식물을 더 잘게 분쇄하였다. 그리고 긴 앞다리와 앞발톱을 이용해 많은 식물을 움켜쥐고 자르며 턱까지 끌어당길 수 있었다.

제9장 화석의 생성

화석은 오래전 지구상에 살았던 생물의 흔적을 찾아볼 수 있는 모든 것을 일컫는다. 화석 대부분은 분해되기 힘든 딱딱한 부분 즉 뼈, 치아, 조개껍질, 나무, 씨앗 등이다. 때로는 눌려 새겨지거나 형태만 떠져 연한 육질 부분의 흔적이 남았다. 몸이 부드러운 해파리류와 연충류의 인상 화석, 깃털이 눌려 새겨진 것, 발자국 화석, 피부 화석, 배설물 화석, 미라 화석도 발견된다.

동물의 화석이 만들어지기 위해서는 어떤 조건이 필요할까? 동물이 죽으면 사체는 급속하게 해체된다. 아프리카 초원에서 일어나는 일을 머릿속에 그려 보면 쉽게 이해할 수 있다. 먼저 시체를 먹는 동물들이 살을 조각조각 물어간다. 뼈를 지탱하던 힘줄이 썩기 시작하고 뼈들은 흩어져 분리된다. 몇 주 안에 그 자리에는 거의 남아 있는 것이 없다. 훼손을 피할 수는 없지만, 이를 막는 한 가지 방법으로 매장이 있다. 만일 사체가 퇴적물에 빨리 묻힌다면 이러한 분해 작용은 일어나지 않을 수 있다.[95]

디플로도쿠스의 전체 골격 화석은 그 길이가 25m에 이른다. 이처럼 거대한 동물의 뼈가 흩어지지 않을 정도로 엄청난 양의 퇴적물이 빠르게 동물을 덮었다. 홍수가 동반된 사태에 의해 퇴적 활동이 일정기간 지속적으로 일어났다. 퇴적물이 두껍게 쌓인 후, 물이 빠지면서 단단하게 굳어져 석회암, 이암 또는 사암으로 변하는 암석화가 진행된다. 이 과정에서 퇴적물에 묻힌 사체의 근육과 다른 부드러운 부분은 모두 썩어 없어지고 단단한 뼈와 이빨이 남는다. 뼈 속의 유기물은 분해되거나 용출되고 퇴적물에서 스며든 광물질로 바뀐다. 이러한 광물질로는 규산, 방해석, 황철광이 있다.[96] 뼈가 광물질로 바뀌면서 보다 단단하고 묵직해진다. 뼈에 쌓인 모든 광물질들은 내부의 여과장치에 의해 아마도 다시 결정화되었을 것이다.[97] 때로는 본래 뼈의 물질이 완전히 용해되어 버리고 속이 빈 주물형 같은 것만 남기도 한다. 그리고 거푸집이 뒤에 다른 광물질로 채워지는 수도 있다.[98]

뼈가 광물질로 채워지는 광화 작용의 진행 정도는 뼈가 놓인 환경 여건에 의해 정해진다. 일부 화석 뼈들은 골수강까지 포함하여 모든 갈라진 틈마다 외부의 광물질들로 채워진 반면, 주변에서 취할 게 별로 없어 많이 채워지지 못한 뼈들도 있다.[99] 암갈색이나 검은색으로 변한 무겁고 단단한 화석은 뼈가 놓여 있던 곳에 철, 망가니즈와 같은 마그마가 끌어올린 지하의 물질이 많았기 때문이다. 반면에 몽골, 고비 사막의 사암층에서 캐낸 공룡 화석은 현존하는 동물의 뼈처럼 가볍고 심지어 색깔까지 그대로이다. [그림9-1]에서 볼 수 있듯, 프로토케라톱스 화석의 매끈한 흰색과 고비 사막의 붉은 흙이 대조를 이룬다.

그림9-1. 고비 사막에서
출토된 프로토케라톱스 화석

일반적으로 퇴적물에 있는 수분이 뼈에 스며들어 세포를 씻어내듯 유기물을 밀어내고, 뼛속의 미네랄과 유기 요소들은 토양의 미네랄(광물질)로 대체되면서 주변 퇴적물의 색을 띠는 화석이 된다. 고비사막에서는 건조한 환경이 지속되어 퇴적물과 뼈의 상호작용이 활발하지 않았다. 철분이 많아 붉게 물든 토양 속에 새하얀 공룡 뼈 화석이 발견된다. 화석 산지로 유명한 고비사막의 '불타는 절벽(Flaming cliffs)'에는 '불타듯' 붉은 흙 사이에 하얀 화석들이 너무 많아서 말 그대로 발끝에 차일 정도였다.

대체로 화석에는 유기물이 남아 있지 않지만, 최근 연구에서 뼈 화석과 함께 유기물이 발견되었다. 홍수가 동반된 사태에 의해 순식간에 공룡이 파묻히면서, 특히 사암의 퇴적물에 묻히면 물이 잘 빠져 유기물이 완전히 분해되지 않고 남을 수 있다. 2000년, 몬태나 헬스 크릭 지역의 단층으로 된 절벽에서 벌집 모양의 하얀 뼈 화석이 튀어나와 있는 것을 발견하였다. 티라노사우루스의 척추뼈 화석 단면이었다. 15m 높이의 암석층을 파내고 그 밑에 누인 티라노사우루스 화석을 들어냈다. 절벽에서 헬기로 화석을 운반하기 위해 대퇴골(넙다리뼈)을 반으로 잘라야 했는데, 밀도가 크고 가운데가 듬성듬성 비어 있는 뼈 화석은 결국 산산이 부서져 버렸다. 그런데 기름이나 무언가 썩는 생물학적 냄새가 풍겨났다. 냄새는 뼈 안에 담긴 성분의 단서였다. 대퇴골 화석 단면에 골수골이 남아 있었다.

뼈는 미네랄로 된 단단한 부분과 콜라겐으로 된 부드러운 부분이 합쳐져 높은 강도를 이루고 뼈의 일부인 세포가 영양을 공급한다. 보통의 경우, 공룡 뼈 화석은 미네랄만 변형되어 남아 있고 단백질과 혈관이 있던 자리는 구멍이 된다. 골세포가 있던 자리 역시 흔적만 남는다. 그래서 공룡 뼈 화석을 산에 담가 미네랄을 제거하면 아무것도 남아 있지 않아야 한다. 놀랍게도 골수골이 남아 있는 티라노사우루스 다리뼈 화석을 하루 동안 산에 담갔다가 꺼내자, 말랑거리는 것이 남았다. 현미경으로 본 모습은 더 놀랍다. 미네랄을 제거하고 남은 뼈 화석에서 가지가 갈라진 투명한 관 즉, 혈관이 보이고 핀셋으로 잡아당기면 늘어났다가 줄어들 정도로 유연했다.

조직학의 기본이 되는 단순한 실험으로 티라노사우루스의 적혈구를 볼 수 있다. 티라노사우루스 다리뼈 화석 단면을 아주 얇게 잘라 플라스틱판에 부착하고 현미경으로 관찰하면 된다. 1992년, 미국 노스캐롤라이나 주립대학에서 공룡 뼈의 미세 구조를 연구하기 위해 현미경으로 들여다봤다가 뼈 안에서 적혈구를 닮은 붉은 알갱이를 우연히 발견했다. 혈관의 흔적 안에 붉은 공이 보였다. 붉은 공은 혈관 흔적 안에만 있었고, 그 모양이 적혈구와 비슷했다. 적혈구는 산소를 운반하기 때문에 산소와 결합하는 '헴(heme)'이라는 물질을 포함한다. 붉은 공에 레이저를 비추어 성분 분석을 한 결과, 헴을 닮은 물질을 포함한다는 사실을 알아냈다.[100] 티라노사우루스 다리뼈 화석에서 적혈구를 발견한 이후, 유기물의 발견이 잇달아 일어났다. 최근에는 뼈 화석 주위에 남은 단백질 분석 작업을 진행하고 있으며, 드로마이오사우루스류의 발가락 끝을 덮은 흰 섬유 모양의 물질을 분석하여 아미노산을 발견했다.[101]

티라노사우루스가 6,800만~6,600만 년 전에 죽은 동물이라면 유기물이 보존되지 않는다. 공룡을 파묻은 주위 환경이 오늘날까지 유기물이 남아 있는 데 중요한 조건이긴 하지만, 이와 같은 유기물의 발견은 화석화 과정이 수천 년 이내에 이루어졌음을 시사한다.

똥은 배설되자마자 즉시 부패하기 시작하고 그러다 짓밟혀 뭉개지거나 부서지고, 심지어 먹힐 수도 있다. 공룡 분의 점성이 높더라도 비가 내리면 덩어리가 바로 허물어져 없어졌을 것이다. 그럼에도 불구하고, 똥이 화석이 되었다. 분화석은 세계 전역에서 발견되고 있다. 공룡 분이 화석화하여 남은 것은 딱딱하게 굳도록 맑은 날이 지속되었음을 알려 준다. 섬유질이 가득한 공룡의 분은 배설된 모습 그대로 단단하게 굳었다. 굳은 분은 부서지고 밟히면서 땅에 영양분을 공급하였을 것이다.

그림9-2. 분화석

공룡 미라

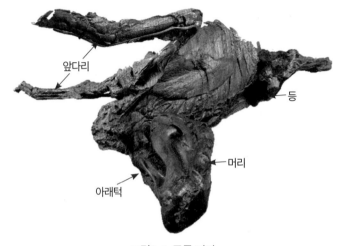

그림9-3. 공룡 미라

에드몬토사우루스 미라 화석 2개체가 미국 와이오밍주 사암층에서 발견되었다. 공룡이 죽을 때의 고통 때문인지 두 다리를 하늘로 뻗고, 등을 땅에 대고 누워 있는 모습이었다. 위에 해당하는 부분에서 화석이 된 침엽수의 침엽과 작은 나뭇가지, 씨앗, 다른 육상 식물 등이 대량 나왔다.[102] 이집트의 미라를 둘러싸고 있는 마른 피부처럼, 공룡의 몸체 주위의 가죽과 근육, 내장의 일부가 썩기 전에 완전히 건조되고 수축해서 뼈에 달라붙었다. 공룡을 덮은 모래와 점토는 약한 피부와 몸 형태가 잘 나타나도록 표면을 복제하였다. 공룡 미라의 피부는 그 자체가 남아 있는 것이 아니라 아주 정교하게 암석에 복제된 흔적이다. 등 쪽에서는 작은 타일무늬를 모아 붙인 것 같은 피부흔적이 보이고, 배 쪽 피부는 조금 더 넓은 타일 모양이다.

제10장 해양 생물의 화석

1. 삼엽충 화석

삼엽충은 흔한 화석이다. 위아래로 보든 좌우로 보든 몸이 세 부분으로 뚜렷이 구분되기 때문에 삼엽충이라고 불린다. 몸길이는 보통 5~8㎝이고, 큰 화석은 70㎝에 달한다. 화석의 눈을 자세히 들여다보면 작은 수정체들이 벌집같이 모여 있는 것을 볼 수 있다. 이것을 집합복안이라고 한다. 삼엽충은 수십 개의 독립된 렌즈들이 둥글게 모인 집합복안을 이용해 360°로 물체를 볼 수 있었다.[103] 자연에서 빽빽하게 모여 있는 많은 것들이 그렇듯이, 이 수정체들도 대개 육각형이다. '파콥스'라고 불리는 삼엽충을 비롯하여 일부 삼엽충의 눈은 바닥에서 꼭대기까지 비스듬히 올라가는 완만한 나선을 이루는, 놀라울 정도로 규칙적인 육각형들의 선을 그리고 있다.[104] 파콥스 화석은 모로코에 특히 많으며 미국의 뉴욕, 아이오와, 오클라오마의 노출된 지층에서도 쉽게 발견된다.

독일의 모젤강 양쪽 연안과 라인란트 주변 지역에 드러나 있는 검은 점판암의 특정한 지층에, 황철석으로 대체된 삼엽충 화석들이 박혀 있다.[105] 화산 활동에 따른 부산물이 퇴적물에

그림10-1. 삼엽충 화석

섞이면서 함께 묻힌 생물들의 몸체가 그대로 황철석으로 바뀌었다. 이곳의 화석들은 삼엽충뿐만 아니라 풍부한 해양 동물상 전체에 황철화가 일어났음을 보여 준다.[106] 부드러운 몸을 지닌 생물들 즉, 불가사리, 바다나리, 환형동물들은 모두가 마치 스냅 사진에 찍힌 양 놀란 자세로 사로잡혔다.[107] 흑색이암이 검정색을 띠는 것은 탄소가 높은 비율로 들어 있기 때문이다. 산소가 정상적인 수준이라면 탄소가 이산화탄소로 변하지만, 산소가 없으면 탄소는 그대로 남게 된다. '바보들의 금'이라 불리는 황철석도 무산소 조건에서만 형성된다. 이 역시 황이 많고 산소가 적은 환경이었음을 말해 준다. 즉, 검거나 황금색을 띠는 해양 생물 화석은 화산 활동으로 인한 증기 분출과 뜨거운 재구름 속에서 바다가 들끓었음을 증언한다.

그림10-2. 황철석이 된 완족동물

그림10-3. 바다나리 화석

2. 암모나이트 화석

삼엽충만큼이나 흔한 화석이 암모나이트이다. 암모나이트는 딱딱한 껍질 안에 부드러운 몸체를 숨기고 있는 해양 생물체였다. 작은 것은 지름 2㎝, 큰 것은 지름 2m까지 자라났다. 몸체가 커질수록 자신의 주위에 더 큰 기실을 계속 만들었는데, 기실을 감싸는 껍데기의 크기가 커지더라도 형태는 변하지 않는 구조를 이루고 있다. 이러한 구조를 등각나선(황금나선, 로그나선)이라고 부른다. 등각나선은 나선의 중심에서부터 그린 모든 반경이 정확하게 같은 각으로 나선과 만나며, 한 바퀴 돌 때마다 일정한 비율로 중심에서 멀어진다. 그래서 등각나선을 확대, 축소시키거나 회전시켜도 모양이 변하지 않는다.

인도와 티베트 사이 2,900㎞에 걸쳐 뻗어 있는 히말라야 산중턱에서 수많은 암모나이트 화석을 찾을 수 있다.[108] 북아프리카 아틀라스 산맥의 고원사막에는 암모나이트 화석이 널려 있었다. 일그러진 암석 속에서도 종종 발견된다. 그것들은 구부러지고, 압착되고, 한쪽으로 기우는 등 질서정연했던 원래의 나선이 뒤틀리고 풀려 있다.

그림10-4. 암모나이트 화석

3. 물고기 화석

물을 부으면 바로 헤엄칠 것 같은 물고기 떼 화석[그림10-6]은 수많은 물고기들이 급격히 묻혔음을 보여 준다. [그림10-5]에서 볼 수 있듯, 일부 물고기 화석은 비늘과 지느러미, 눈구덩이의 섬세한 부분까지 보인다. 물고기의 선명한 지느러미와 곤충의 얇은 날개막[그림10-7]이 관찰되고, 물고기와 함께 묻힌 새 화석[그림10-8]에서 깃털을 볼 수 있다.

그림10-5. 물고기 화석

그림10-6. 물고기 떼 화석

그림10-7. 물고기와 곤충 화석

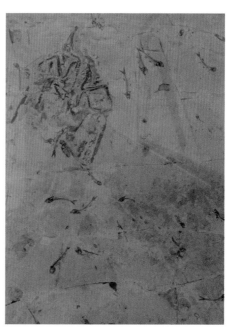

그림10-8. 물고기와 새(롱깁테릭스) 화석

그림10-9. 물고기와 새(야노르니스) 화석

4. 어룡 화석

독일 남부, 홀츠마덴의 역청석회암에서 거의 완벽한 형태를 갖춘 500점 이상의 어룡, 이크티오사우루스 화석이 발견되었다. 이크티오사우루스의 몸통은 물속에서 효율적으로 움직일 수 있도록 매끄러운 유선형이며 전체 길이가 3m에 이른다. 쥐돌고래류처럼 경추골이 아치형을 그리며 극도로 몰려 있어, 측면에서 보면 목 부분이 보이지 않는다. 이상하리만치 큰 눈은 고리 모양으로 줄지은 뼈에 의해 지탱되어 있고, 머리 꼭대기에 콧구멍이 있다. 이크티오사우루스는 수면 위로 떠올라 고래처럼 콧구멍을 열어 간간이 숨을 쉬었을 것으로 추정된다.[109]

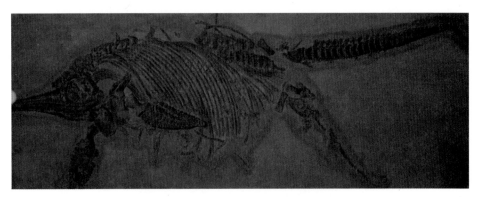

그림10-10. 출산중인 이크티오사우루스 화석

홀츠마덴의 이크티오사우루스들은 특이하게도 아주 작은 태아를 뱃속에 넣고 있다. 화석 안에 태아가 1~4개 정도 발견되기도 한다.[110] 태아는 체내의 공동에서 완벽한 형태를 취하고 있다. 극적으로 출산 과정이 포착된 화석[그림10-10]을 보면, 어미의 산도에 태아가 걸려 있다. 태아는 고래처럼 머리가 아닌 꼬리부터 나왔다. 육지에서 살아가는 포유류는 태어날 때 산도를 쉽게 빠져나오기 위해 대개 머리가 먼저 나오지만, 돌고래와 그 밖의 고래류는 꼬리가 먼저 나온다. 이들은 몸통이 유선형이라

산도를 빠져나오는 데 아무런 지장이 없다. 출산하는 동안 시간이 걸리기 때문에 새끼의 머리가 마지막으로 나와야 물속에서 질식하지 않는다. 머리까지 나오면 어미가 새끼를 수면 쪽으로 조금씩 밀어 줘서 첫 숨을 쉴 수 있게 해 준다.

5. 수장룡 화석

그림10-11. 엘라스모사우루스 화석

수장룡은 두 쌍의 지느러미발 그리고 가슴과 아랫배에 단단한 골판을 가진 바다 동물 화석이다. 등뼈가 궁수의 활처럼 휘어 있고 보강된 갈비뼈로 받쳐진다. 뒤집어 놓은 보트처럼 단단한 몸체는 커다란 지느러미발이 움직일 때 발생하는 압력을 흡수할 수 있다. 수장룡은 크기가 거의 같은 두 쌍의 지느러미발을 따로따로 사용하여 몸을 돌리거나 속도를 냈을 것이다.

수장룡 화석은 목이 긴 수장룡과 목이 짧은 수장룡으로 나뉜다. 목이 긴 수장룡은 놀라울 정도로 긴 목을 갖고 있다. 영국에서 발견된 수장룡 화석은 목뼈가 30개이다.[111] 미국 캔자스 지방에서 발견된 목이 긴 수장룡 엘라스모사우루스 화석은 전체 몸길이 14m 중 절반 이상이 목이고, 목의 뼈인 '목등뼈'의 수가 무려 72개이다. 물속에서 깊이에 따른 수압차를 견뎌 내며, 8m에 이르는 긴 목으로 물살을 가르기 위해서는 강한 근육과 힘줄로 목을 강화해야 한다. 엘라스모사우루스의 굵고 긴 목은 구불구불하지 않았을 것이다. 척추 전체에 비교적 납작한 추체가 달려 있고, 단단하게 서로 맞물린 관절돌기와 추가적인 추간관절이 있다.[112] 몸통을 두르는 튼튼한 흉곽과 골판도 몸을 더욱 단단하고 뻣뻣하게 하는 데 한몫했다.

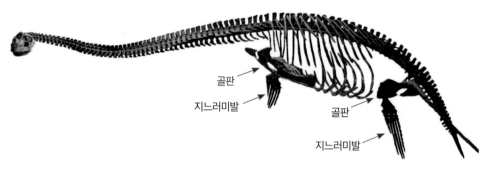

골판
지느러미발
골판
지느러미발

그림10-12. 수장룡 화석

긴 목으로 높은 곳의 식물을 먹을 수 있는 땅 위와는 달리, 전후 상하좌우 어디든 움직일 수 있는 바닷속에서는 긴 목의 이점을 찾기 힘들다. 엘라스모사우루스는 얕은 바다 위를 떠다녔을지도 모른다. 만약 그렇다면, 목이 길수록 바닷속의 먹이에 닿기가 쉬워 유리해진다.

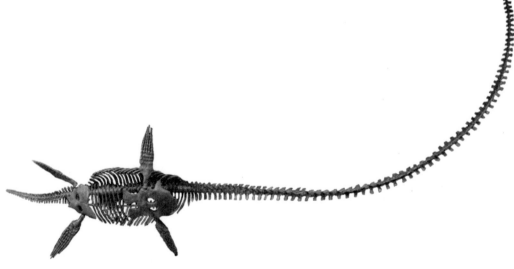

그림10-13. 엘라스모사우루스 화석 (밑에서 본 모습)

어룡 화석뿐만 아니라, 수장룡 화석도 태아를 품고 있다. 어미의 체강에 태아가 있는 플레시오사우루스 화석이 미국 켄터키주에서 발견되었다. [그림10-14]에서 볼 수 있듯, 1.5m 정도의 크기로 자란 태아가 눌려지며 부서진 채 어미의 뱃속에 그대로 남아 있다.

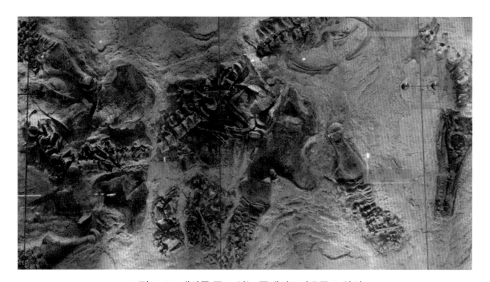

그림10-14. 태아를 품고 있는 플레시오사우루스 화석

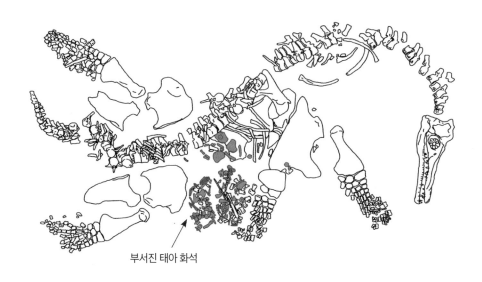

부서진 태아 화석

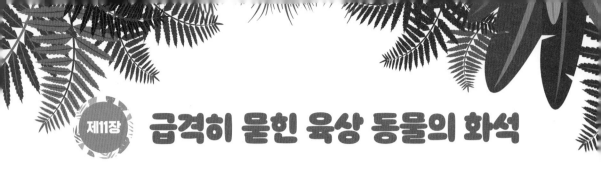

제11장 급격히 묻힌 육상 동물의 화석

그림11-1. 컬럼비아매머드 화석 발굴지

미국, 노스다코타 핫스프링스의 **컬럼비아매머드**[4] 발굴지[그림11-1]는 매머드가 죽은 자리에서 뼈를 전시하는 장소이다. 이곳에 47마리가 넘는 컬럼비아매머드의 뼈대가 묻혀 있었다. 그중에는 뒷다리로 버티고 앞다리를 위로 쳐든 것도 있다. 수많은 매머드들이 **물과 함께 한꺼번에 이동하는 고밀도 퇴적물의 흐름**[5] 속에 갇혀 화석이 되었다.

카마라사우루스의 전신골격 화석[그림11-2]이 미국 유타주의 국립공룡기념공원에

---

4)   컬럼비아매머드: 아프리카코끼리보다 어깨높이가 60㎝ 정도 더 높은 코끼리 화석

5)   '물과 함께 한꺼번에 이동하는 고밀도 퇴적물의 흐름'을 이 책에서는 '퇴적물류'라고 부르겠다. 저탁류, 액화된 퇴적물류, 입자류, 암설류 등을 총칭하면서 더 큰 규모의 고밀도 퇴적물의 흐름을 의미하는 용어로 사용할 것이다.

서 발견되었다. 화석은 동물의 모습을 거의 그대로 보여 준다. 불과 두세 개의 뼈가 상실되었거나 본래의 위치와 달라져 있을 뿐이다.[113]

그림11-2. 카마라사우루스 화석

탄자니아의 남동부에 위치한 텐다구루에서 200톤가량의 화석이 캐내어졌다. 이곳에서 독일로 옮겨져 전시되고 있는 대형 사족보행 공룡 기라파티탄(브라키오사우루스류)은 수직 높이만 13m에 이른다. 텐다구루에서 발굴된 대부분이 대형 사족보행 공룡의 뼈 화석이었는데, 다리뼈가 이암에서 곧게 세워진 상태로 파묻혀 있었다. 대형 공룡이 선 채로 퇴적물류에 묻힌 것이다.

몽골 흐산다골 암석층에서는 땅에 똑바로 세워진 4개의 다리를 발견하였다. 선 채로 묻힌 동물은 인드리코테리움이라고도 불리는 파라케라테리움이다. 파라케라테리움은 몸길이 8m, 키 6m, 추정 몸무게 약 20톤인 초대형 코뿔소의 화석이다. 거대한 코뿔소가 급격히 들이닥친 퇴적물류에서 빠져나가려고 필사적으로 발버둥 치다가 엉덩방아를 찧은 자세로 가라앉아 매장되었다.[114]

몽골, 고비 사막에서 발굴된 뒤엉킨 두 공룡 화석은 마지막 순간 움직임을 그대로 보여 준다. 옆으로 누워 있는 벨로키랍토르가 프로토케라톱스의 머리뼈를 잡고, 왼쪽 뒷다리를 프로토케라톱스의 복부 부근으로 뻗고 있다. 프로토케라톱스는 몸을 낮춰 뒷다리에 중심을 둔 채 벨로키랍토르의 오른쪽 앞다리를 단단히 잡아 물고 있다. 이 자세로 순식간에 퇴적물에 묻힌 동물들의 뼈에 퇴적물에서 스며든 광물질이 채워져 움직이는 듯한 화석, 돌이 되었다.

그림11-3. 벨로키랍토르와 프로토케라톱스 화석

중국과 몽골, 러시아에서 많은 개체가 발견되고 있는 프시타코사우루스 화석은 어린 개체에서 성체까지 가장 많은 수의 서로 다른 연령대를 보여 준다. [그림11-4]에서는 양육하고 있는 프시타코사우루스의 모습을 관찰할 수 있다. 어미로 보이는 프시타코사우루스 주위로 옹기종기 모여든 어린 새끼들이 모두 함께 그대로 매장된 것이다.

그림11-4. 새끼들과 함께 묻힌 프시타코사우루스 화석

그림11-5. 압해도 공룡알 화석

신안 압해도에서 공룡의 알 화석 19개가 발견되었다. 압해도 공룡알 화석은 공룡알 화석 중에서도 매우 큰 편에 속한다. 2m 50㎝의 알둥지에 평균 길이 44㎝인 알 화석이 한 쌍씩 붙은 상태로 둥글게 놓여 있었다. 어미가 알끼리 서로 부딪치지 않도록 몸을 회전하면서 산란하여, 둥글고 가지런히 놓인 것으로 추정된다.

공룡이 아무리 거대하더라도 알은 일정 크기 이상 커질 수 없다. 알껍데기는 단단한 보호막이면서, 그 표면에 작은 숨구멍들이 뚫려 있다. 알 속의 새끼는 이 숨구멍들을 이용해 바깥에서 산소를 공급받는다. 만약 알이 커진다면, 그만큼 크게 자란 알 속에 있는 새끼의 무게를 견디기 위해 껍데기가 두꺼워질 것이다. 알껍데기가 두꺼워지면 껍데기에 있는 숨구멍의 통로가 길어지기 때문에 알 속에 있는 새끼는 숨 쉬는 게

힘들어진다. 그래서 목긴공룡의 알이 엄청 거대할 듯하지만, 멜론 정도의 크기일 뿐이다. 수십 미터, 수십 톤의 대형 목긴공룡이라도 알을 갓 깨고 나왔을 때는 미약하고 작았다.

공룡이 어린 새끼들을 양육했음을 보여 주는 화석이 종종 발견된다. 앞서 살펴보았듯이, 몽골에서 특히 많이 발견되는 프시타코사우루스[그림11-4]는 새끼와 성체가 가장 많이 같이 묻힌 공룡이다. 캐나다 앨버타의 드라이아일랜드 버팔로점프 주립공원에서 최소 24개체의 알베르토사우루스(몸길이 7~9m의 티라노사우루스류) 화석이 나왔다. 이 뼈층은 새끼 공룡, 성장기가 거의 끝난 공룡, 성체 공룡 등 여러 연령대의 개체를 포함하고 있다. '좋은 어미'라는 뜻의 마이아사우라는 몸길이 7~9m의 오리주둥이공룡이다. 마이아사우라의 둥지에서 어느 정도 자란 새끼들의 화석이 다량 발견되었다. 둥지 속 새끼들의 뼈는 얇았고, 뼈를 이어 주는 관절 부분이 연약했을 것으로 추정된다.[115] 그런데 연약한 작은 새끼들의 이빨이 많이 갈려 있었다.

그림11-6. 티라노사우루스 가족

'좋은 어미'라는 이름답게 어미 마이아사우라가 먹이를 날라 주고, 새끼는 둥지에 눌러 앉아 어미가 주는 먹이를 받아먹었을 것이라는 추측이 가능하다.[116] 어미의 정성 어린 보살핌 속에 어린 공룡들은 어느 정도 성장률로 자랐을까?

포유류의 뼈와 파충류의 뼈를 잘라 단면을 보면 구조가 확연히 다르다. 뼈가 빨리 성장하려면 핏줄로 많이 투입되어야 하는데, 이를 하버스 구조라고 한다. 포유류는 하버스 구조가 아주 발달한 반면, 변온동물인 악어는 발달이 잘 안 되어 있다. 공룡의 뼈를 잘라 보면 포유류의 특징과 같은 빽빽한 하버스관이 보인다. 그런데 악어에게 있는 성장선처럼 생긴 곡선도 있다. 공룡 뼈를 보면 나무의 나이테처럼 단면에 선이 있다. 나무는 겨울에 영양분이 없어서 자라지 않고 이 시기에 나이테가 검게 생긴다. 나무의 나이테처럼 먹이가 많아 잘 먹을 때는 뼈가 쑥쑥 자라지만 겨울이 되거나 환경이 나빠지면 뼈가 성장을 못하면서 성장선이 그려진다고 해석해 보자. 즉, 선은 1년에 하나씩 생기고 이를 통해 공룡의 나이를 알 수 있다. 그 결과, 대형 목긴공룡의 수명은 50년, 대형 이족보행 공룡의 수명은 30년, 중소형 공룡은 7~15년이다.[117]

대형 공룡의 거대한 크기와 짧은 수명은 빠른 성장률로 귀결된다. 급성장하는 기간 동안, 100kg~1톤의 공룡은 하루에 100~800g씩, 5톤의 대형 이족보행 공룡은 하루에 2kg씩 성장했을 것이다.[118] 이것은 포유류의 성장 비율과 거의 같다. 빠르게 성장하기 위해 포유류는 영양 가득한 어미의 젖을 빤다. 몸집이 클수록 성장률이 더 빠르다. 25톤의 아파토사우루스의 경우, 하루에 20kg씩 성장해야 한다.[119] 더 거대한 목긴공룡은 성장 속도가 더 가파르다. 거의 고래의 성장률과 맞먹는다. 고래의 젖은 새끼 고래를 단기간에 엄청난 체구로 성장시킬 만큼 영양분이 풍부하다.[6] 그런데 50톤의 브라키오사우루스가 육상에서 그 거대한 몸집으로 새끼에게 젖을 물릴 수 있었을까? 두 다리로 걷는 7톤의 티라노사우루스가 새끼에게 젖을 물렸을까? 물론 아니다. 앞서 마이아사우라 둥지 화석에서 살펴보았듯이, 어린 새끼 공룡들은 모유가 아닌 식물을 일찍부터 먹었다. 영양분의 집합체인 모유를 먹거나 부모가 쉴 새 없이 고단백 먹이를 나르지 않는 한, 알에서 깨어난 작은 새끼 공룡이 짧은 기간에 그렇게 거대한 몸집으로 자라기는 어렵다. 결국 몸집에 비해 너무 짧은 수명이 문제다. **'거대한 크기+짧은 수명=빠른 성장률'**이 아니라 **'거대한 크기+긴 수명=완만한 성장률'**이면, 대형

---

6) 포유류의 암컷은 가슴이나 배 부분에 있는 유선에서 나오는 젖으로 새끼를 먹인다. 수생 포유류는 물속에서도 젖을 먹여 새끼를 키운다. 흰긴수염고래는 새끼를 키우는 동안 50톤의 몸무게가 감소하는데, 새끼는 영양이 풍부한 어미의 젖을 먹으며 매일 89kg씩 몸무게가 늘어난다.

공룡의 몸집에 적절한 성장률을 예상할 수 있다.

　대형 목긴공룡의 수명 50년, 대형 이족보행 공룡의 수명 30년은 뼈 화석 단면에 나타난 곡선의 개수로부터 추정된 것이다. 곡선이 파충류의 성장선이 아니라면, 대형 공룡이 그렇게 짧은 생을 살았다고 단정할 수 없다. 「제1장 공룡」에서 살펴보았듯이, 공룡은 파충류가 아니다. 따라서 뼈 단면의 성장선으로 보이는 구조가 파충류의 성장선과는 엄연히 다른 것이다. 공룡 뼈와 포유류 뼈는 하버스 구조가 발달하여 단면에 구멍이 많다. 하버스 구조가 발달한 포유류의 뼈가 수백kg 이내의 비교적 가벼운 체중을 지탱하는 것과 달리, 대형 공룡의 뼈는 수 톤~수십 톤을 지탱해야 한다. 게다가 대형 이족보행 공룡은 두 다리만으로 수 톤을 지탱한다. 뼈에 가해지는 높은 압력을 견딜 수 있는 뼈 자체의 구조물이 필요한 것이다. 구멍이 송송 뚫린 공룡 뼈에 겹겹이 그어진 둥근 선은 성장선이 아니라, 지지대처럼 뼈를 구조적으로 견고하게 하는 특징일 것이다.

　일반적으로 몸집이 큰 동물들은 작은 동물보다 느긋하게 더 오래 산다. 포유류에 속하는 동물에서 체중과 시간에 대하여, (시간)$\propto\sqrt[4]{(체중)}$이라는 관계가 있다.[120] 작은 동물은 체내에서 일어나는 모든 생리적 현상의 템포가 빠르다. 뒤쥐는 1분에 1천 번, 쥐는 650번, 사람은 70번쯤 심장이 박동한다. 이에 비해 코끼리는 1분에 28번쯤 박동한다.[121] 쥐는 기껏해야 몇 년밖에 살지 못하지만 코끼리는 100년 가까이 산다. 큰 동물일수록 숨을 쉬는 간격, 심장박동 간격, 혈액이 온몸을 한 바퀴 도는 데 걸리는 시간, 몸 밖에서 들어온 물질을 다시 몸 밖으로 내보내는 데 필요한 시간을 비롯하여 어른 크기로 성장하는 데 걸리는 시간, 수명 등 무슨 일을 하더라도 시간이 많이 걸린다.[122] 대형 목긴공룡의 체중은 코끼리의 약 10배다. 코끼리보다 거대하고, 코끼리처럼 반듯한 자세로 걸었던 항온동물은 코끼리보다 오래 살았을 것이다. 수십 톤의 대형 목긴공룡은 몸집에 걸맞은 긴 수명을 살며 그에 따른 완만한 성장률로 성장하고, 풍족한 환경에서 여유롭게 지냈을 것이다.

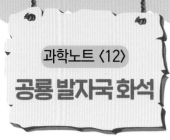

세계 각지에 젖은 흙을 밟으며 걸어갔던 공룡의 흔적이 남아 있다. 미국 텍사스, 팰럭시강의 하상에서 모두 같은 방향으로 걷고 있는 23벌의 발자국 화석이 발견되었다. 대부분이 대형 사족보행 공룡의 발자국(약 90㎝)인데, 이 발자국들 옆으로 나란히 대형 이족보행 공룡의 발자국(51㎝)도 있었다. 이족보행 공룡 발자국 중 일부는 그 위에 사족보행 공룡 발자국이 다시 찍히기도 했다.[123] 대형 공룡들이 젖은 흙을 밟으며 모두 같은 방향으로 걸어간 것이다. 미국 유타주 동부, 엔트라다 사암층에 남겨진 발자국 행렬은 약 300㎢의 면적에 펼쳐져 있다.[124] 영국 남부에는 40개 이상의 발자국 행렬이 일정한 방향으로 평행하게 배열되어 있다. 우리나라 전라남도 여수 사도와 추도도 50~84m까지 길게 뻗은 공룡 발자국 행렬을 쉽게 볼 수 있는 곳으로 유명하다.

수많은 동물들이 일제히 이동하며 대형 공룡의 발자국 안에 작은 동물들이 갇히기도 했다. 2000년, 중국 우차이완 지역에서 큰 기둥처럼 생긴 암석 구조물을 발견하였다. 그 속에는 소형 공룡 10마리, 악어 2마리, 포유동물 2마리, 거북 1마리 총 15마리의 동물이 들어 있었다.[125] 이 거대한 암석은 대형 목긴공룡 마멘키사우루스의 발자국임이 밝혀졌다. 지속된 폭우로 습지처럼 출렁이는 땅에 대형 공룡의 발자국이 깊숙이 찍혀, 함께 이동하던 작은 동물들의 무덤이 되었다.

일정한 방향으로 배열된 공룡 발자국 화석은 긴급했던 당시의 이동 모습과 함께 여러 가지 정보를 제공한다.

첫째, 또박또박 나타나 있는 발자국은 공룡이 체중을 완전히 다리에 싣고 걸었음을 보여 준다. 발자국 화석들 중 어떤 것에도 꼬리를 끈 흔적이 없다.[126] 대형 사족보행 공룡을 비롯하여 모든 공룡들은 모두 꼬리를 지면 위로 든 채 걸어 다녔다.

둘째, 공룡 발자국 화석과 새 발자국 화석이 함께 산출되고 있다. 이것들은 마치 바늘과 실처럼 따라다닌다.[127] 전라남도 해남 우항리에 드러난 지층에는 공룡과 새 그리고 익룡의 발자국 화석이 함께 찍혀 있다. 새 발자국은 두 종류로 구분된다. 하나는 크기와 생김새가 마치 지금의 오리발자국과 비슷한 것이고, 다른 하나는 이들보다 조금 크고 엄지발가락 자국이 분명한 새 발자국이다.

그림11-7. 해남 우항리의 물갈퀴 있는 새 발자국 화석

해남 우항리의 새 발자국이 있는 지층에서 모두 443개의 익룡 발자국 화석이 발굴되었다. 이는 세계 최대 규모이다. 그중에는 약 7.3m의 익룡 보행렬이 포함된다. 익룡 보행렬은 앞, 뒷발을 이용해 16번 걸어갔던 흔적이며 익룡이 걸었던 형태를 알 수 있는 중요한 자료이다. 발자국의 크기는 17~35㎝ 정도이고 앞발과 뒷발의 형태가 모두 나타난다. 앞발자국은 사람의 귀 모양처럼 보이고, 뒷발자국은 물갈퀴가 달려 있어서 사람의 발 모양과 비슷하다. 해남에서 발견된 익룡 발자국은 '해남이크누스 우항리엔시스'라는 학명으로 기재되어 있다.

새 발자국과 익룡 발자국뿐만 아니라 109개의 공룡 발자국도 같은 지층에 찍혀 있다. 다양한 크기와 모양의 공룡 발자국들이 보행렬을 이룬다. 그중에는 길이가 52~95㎝이고 깊이는 30㎝에 가까우며 앞뒤 간격이 매우 좁은 거대한 공룡 발자국들도 있다. [그림11-8]에서 볼 수 있듯, 커다란 공룡 발자국 화석은 독특한 별 모양의 내부 구조와 불명확한 외곽선을 갖고 있다. 무거운 공룡이 물기를 가진 상태의 진흙 위를 걸었을 때 진흙 밑 부분으로부터 퇴적물이 올라오면서, 탄력성을 가진 표면 부분이 솟아올라 발자국 내부에 별 모양으로 남은 것이다.

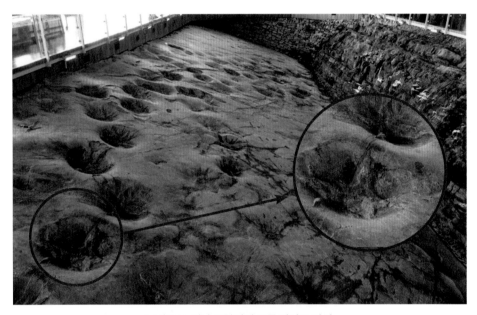

그림11-8. 해남 우항리의 공룡 발자국 화석

셋째, 공룡의 다리 길이는 발자국 길이의 4배에 해당한다. 이 값은 공룡의 모양과 크기에 관계없이 모든 공룡에 적용이 가능하여 공룡의 몸체 크기 측정에 가장 유용하게 쓰인다.[128]

넷째, 대형 공룡은 뛰지 않았다. 전 세계에 남겨진 수천 개의 공룡 발자국 중에는 거구의 것들도 있다. 하지만 지금까지 발견된 대형 공룡의 발자국 화석은 모두 걷고 있을 때의 발자국이다.[129]

다섯째, 물에 젖어 출렁이는 평지에 공룡의 발자국이 찍힌 직후, 격렬한 지각 변형이 일어났다. 남아메리카 볼리비아의 도시 스크레 인근, 칼 오르코의 수직절벽에는 5,000여 개의 공룡 발자국이 462개의 행렬을 이룬다. 티타노사우루스(몸길이 12~15m의 목긴공룡)를 비롯한 수많은 공룡들의 긴 발자국 행렬이 선명히 남아 있다. 거대한 공룡이 걸었던 평탄한 지대가 수직으로 세워진 것이다. 공룡의 서식지는 호수와 강이 있는 저지대였지만, 볼리비아의 수직절벽처럼 북아메리카의 로키 산맥과 고도의 평원에서 공룡 발자국 화석이 발견된다.

경북 청송 신성리에는 2003년 태풍으로 산자락 토사가 흘러내린 후, 산의 경사면에 공룡들의 보행렬이 드러나 있다. 다양한 크기와 모양의 400여 개 발자국들이 경사면 위에서 여러 개의 긴 띠를 이룬다.

그림11-9. 청송 신성리의 공룡 발자국 화석

청송 신성리와 멀지 않은 경북 의성 제오리에는 약 300개의 공룡 발자국이 경사면에 드러나 있다. 지방도로 공사를 위해 산허리 부분의 흙을 깎아 내면서 발견되었는데, 네 종류의 공룡 발자국이 [그림11-10]에서 볼 수 있듯 어지럽게 흩어져 있다.

그림11-10. 의성 제오리의 공룡 발자국 화석

발자국 화석은 고원지대나 산자락에 국한되지 않는다. 산자락과 정반대로 바닷가에서도 발견된다. 경상남도 고성 덕명리의 공룡 발자국은 바다와 맞닿아 있다. 고성군의 퇴적암 지층은 현재 해안선을 따라 있지만 육지 내부에서 만들어진 지층으로, 화성암이 뚫고 들어와 발자국이 찍힌 퇴적암을 구움으로써 풍화에 강한 암석이 되었다. 층리가 잘 발달한 퇴적암을 끊으면서 만들어진 **암맥**[7)]이 관찰되고, 기둥을 세워 놓은 것 같은 모양의 주상절리가 해안 절벽을 이룬 것을 볼 수 있다. 고성 덕명리의 해안선을 따라 약 6km에 걸쳐 여러 종류의 공룡과 두 종류의 새 발자국이 바다 쪽으로 기울어진 퇴적암층에 나타난다. 공룡 발자국이 포함된 지층의 전체 두께는 약 150m이며, 200여 개 퇴적층에 약 2,000개의 공룡 발자국이 찍혀 있다.

---

7) **암맥**: 지하 깊은 곳에서 만들어진 마그마가 원래 있던 암석을 뚫고 올라온 후에 식어서 암석으로 굳어진 것을 암맥이라고 한다.

주상절리

공룡 발자국

그림11-11. 고성 덕명리의 공룡 발자국 화석

공룡 발자국

공룡 발자국

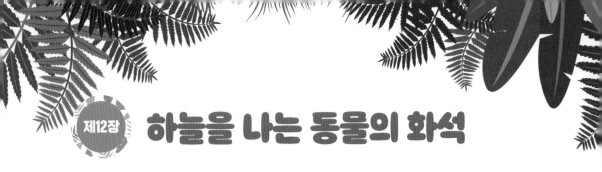

제12장 하늘을 나는 동물의 화석

1970년, 카자흐스탄의 카라타이 퇴적층에서 매우 잘 보존된 작은 익룡 화석이 발견되었다. 털 흔적이 그대로 드러나 있는 이 익룡 화석에게 붙여진 이름은 '털이 많은 악마'라는 뜻의 소르데스 필로수스이다. 소르데스 필로수스 화석은 털로 덮이고 박막으로 된 날개 흔적을 완벽하게 보여 주고 있다.[130] 길고 두터운 털이 온몸을 덮고 있는데, 각각의 털과 술이 부러져 있는 흔적으로 보아 살아 있을 때의 털은 부드럽고 푹신푹신했음을 알 수 있다.[131] 털은 앞발가락과 앞발가락 사이의 박막에도 있으며, 박막에 존재하는 털은 짧다.[132]

익룡은 '날개 달린 도마뱀'이라는 뜻이다. 익룡이 날개를 펄럭이며 하늘을 날 수 있다면, 날개의 펄럭거림을 유지하기 위해서 근육과 각 조직에 산소가 충분한 혈액이 공급되어야 하고, 과도한 열을 식히며 필요 없는 이산화탄소를 제거해야 한다. 따라서 잘 발달된 허파와 심장을 가져야 한다. 그래야 날개의 펄럭거림을 유지하기 위한 신진대사가 빠르게 일어날 수 있다. 즉, 익룡도 조류와 같은 항온동물이다. 털은 단열재로서 내부의 열을 잃어버리지 않도록 하는 기능을 한다. 솜털이 가득한 소르데스 필로수스 화석의 발견은 익룡이 항온동물이라는 것을 명백히 정착시켰다.

하늘을 나는 동물들은 유선형의 몸매를 하고 있으며 몸의 무게를 줄이기 위해 골격은 가늘면서도 아주 가볍다. 날개를 움직이려면, 날개를 아래로 끌어내리는 근육과 다시 위로 끌어올리는 근육이 필요하다. 따라서 새들은 큰 양력을 만드는 넓은 날개뿐만 아니라 강한 날갯짓을 위한 근육과 발달된 흉골 구조를 가지고 있다. 새의 어깨와 가슴을 이어 주는 양쪽 쇄골은 중앙선에서 서로 융합되어 날개를 움직일 때 버팀목 역할을 한다. 이러한 형태를 차골이라고 한다. 흉골(가슴뼈)은 아주 크고 가운데 부분이 튀어나와 있어서 용골돌기라 구분해서 부른다. 이 부분은 강한 날갯짓을 위한 근육들의 부착 부위이다.

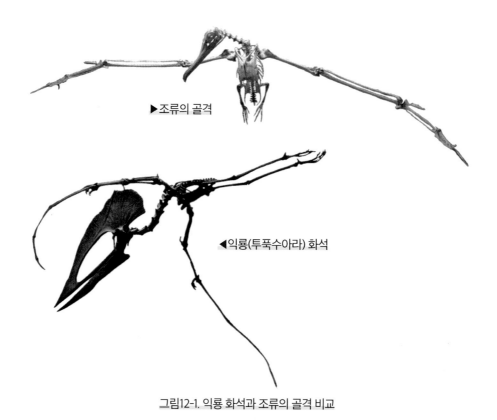

▶조류의 골격

◀익룡(투푹수아라) 화석

그림12-1. 익룡 화석과 조류의 골격 비교

익룡의 날개는 기다랗게 늘어난 네 번째 발가락에 의해 지지된다. 네 개의 앞발가락 중에 네 번째 발가락이 매우 길게 발달하여 피막 형태의 날개를 지지하고, 나머지 세 발가락은 피막과 분리된 채 앞으로 향하며 끝에 발톱을 가지고 있다. 넓고 납작한 흉골은 가운데 부분이 튀어나와 있어서 새의 용골돌기처럼 날개를 움직이는 근육이 붙었다.

프테로닥틸루스[그림12-2]는 가장 먼저 알려진 익룡 화석의 하나로서 갸름한 주둥이와 날카로운 작은 이빨, 짧은 꼬리뼈가 돋보인다. 양쪽 날개를 편 길이가 1.5m 정도이고, 몸통의 길이보다도 긴 목을 갖고 있다.

▲그림12-2. 프테로닥틸루스 화석

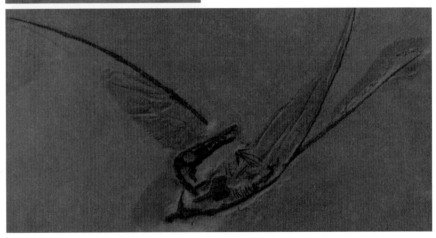

그림12-3. 람포링쿠스 화석

람포링쿠스 화석의 갸름한 주둥이에는 날카로운 이빨들이 서로 어슷하게 맞물린다. 그리고 [그림12-3]에서 볼 수 있듯 긴 꼬리가 곧게 뻗어 있다. 양쪽 날개를 편 길이가 1m 남짓이며, 흉골이 잘 발달하여 자유롭게 하늘을 누빌 수 있었다.

미국 캔자스주에서 해양 퇴적물과 함께 발견된 큼직한 익룡 파편들 대부분이 프테라노돈의 것이다. 프테라노돈은 이빨이 없는 부리가 앞으로 길게 나와 있고, 뼈로 된 긴 볏이 뒤쪽으로 뻗어 앞뒤 균형을 유지하는 독특한 모습을 하고 있다. 몸의 크기는 칠면조 정도이며 양쪽으로 편 날개의 길이가 7m에 이르렀다.

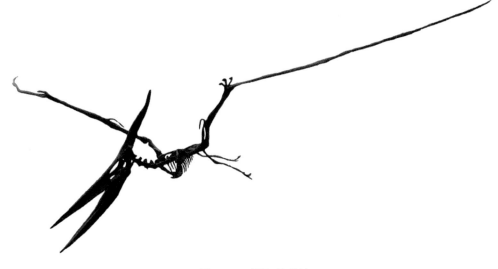

그림12-4. 프테라노돈 화석

날아다니는 동물들이 다 그렇듯이, 프테라노돈의 뼈도 아주 얇다. 가장 두드러지게 얇은 부분은 날개이다. 상완골에서 날개 끝까지의 평균 두께가 1㎜ 남짓이다.[133] 몸무게를 최소로 해야 하는 프테라노돈이 최대 90㎝ 길이에 달하는 긴 볏을 가진 것은 이상하게 보인다. 하지만, 프테라노돈에게 긴 볏은 여러 가지 면에서 중요한 안정장치이다. 항공기의 안정을 위해서는 수직 안정판의 존재가 대단히 중요하다. 부리가 아래로 향하면 볏은 위를 향한다. 프테라노돈이 고개를 위아래로 움직일 때마다 볏이 그 반대 방향으로 움직이며 비행에 안정을 더해 주었다.[134]

또한, 큰 부리와 부리만큼 긴 볏은 과도한 체열을 방출하는 냉각 작용을 하였다. 날갯짓을 하는 항온동물에게는 과잉열에 대한 대책이 필요하다. 보온성이 탁월한 깃털로 덮여 있고 끊임없이 날갯짓을 하는 조류는 척추동물 중에서 물질대사율이 가장 높고, 가장 많은 열을 발생시킨다. 새의 비행 근육이 이용하는 에너지의 90%가 과잉열로 발산된다.[135] 비행하는 동안 체열을 식히기 위해, 다리를 밑으로 늘어뜨리고 다니는 새들이 수십 종 있다.[136] 갈매기와 왜가리는 맨살의 다리와 발에 혈류를 20배나 늘림으로써 주변 공기나 물로 과잉열이 빠르게 빠져나가도록 한다.[137] 부리에 있는 혈관에서도 열을 발산한다. 더운 기후에 사는 새들 중에 유난스레 부리가 큰 종이 여럿 있다. 아프리카 콩고에 살고 있는 넓적부리황새는 키가 1~1.5m에 달하는 거대한 새이다. 넓적부리황새의 부리는 이름처럼 넓적하다. 부리의 가로, 세로 길이가 20㎝를 넘는다. 이 거대한 새는 맨살이 드러난 긴 다리와 넓적한 부리를 이용하여 체열을 식힌다. 프테라노돈의 길고 넓적한 부리와 볏도, 대형 익룡이 하늘을 나는 항온동물로서 어쩔 수 없이 겪어야 하는 열 스트레스를 해소하기 위한 방편이었을 것이다.

익룡 중에는 부리에 이빨이 있기도 하고 프테라노돈처럼 없기도 하다. 꼬리가 없다시피 짧은 것도 있고 매우 긴 것도 있다. 또한 크기의 범위가 넓다. 비둘기 정도의 작은 익룡부터 날개를 편 전체 길이가 12m인 케찰코아틀루스 화석까지 다양한 크기를 보인다. 이와 같은 다양성은 조류 화석에서도 나타난다. 조류 화석이 보여 주는 다양한 특징을 살펴보자.

첫째, 조류 화석도 익룡처럼 부리에 이빨이 있다. 오늘날 어떤 새라도 부리에 이빨이 없지만, 조류 화석은 이빨을 가진 경우가 종종 있다. 미국 캔자스주의 백악기 지층에서 나온 두 조류 화석 이크티오르니스와 헤스페로르니스의 부리에는 이빨이 있다. 이크티오르니스는 비둘기만 한 크기다. 이크티오르니스의 가슴뼈에서 비행용 근육이 자리할 용골돌기가 보이는데, 오늘날 새의 용골돌기와 비슷한 모양으로 발달하였다. 용골돌기와 더불어 위팔뼈에 옹이 모양의 말단이 있어서 유연하게 날갯짓을 할 수 있었다. [그림12-5]에서 볼 수 있듯, 부리를 따라 이빨이 촘촘히 돋아 있는 헤스페로르니스 화석은 잠수 조류에 속하며 몸길이가 1.5m이다.

이빨

그림12-5. 헤스페로르니스 화석

둘째, 조류 화석도 익룡처럼 다양한 크기를 보인다. 현재, 날개 길이가 가장 긴 새는 남극 상공을 날고 있는 나그네알바트로스이다. 나그네알바트로스의 활짝 편 날개 길이는 3m 40㎝에 이른다. 거대한 날개 덕분에 나그네알바트로스는 다른 어떤 새보다 더 멀리 더 오래 날 수 있다. 날개를 퍼덕이지 않은 채 바람을 타고 6일 동안 활공할 수 있고, 위성으로 추적한 결과 두 달 안에 지구를 일주하는 거리를 날기도 한다.[138] 자면서도 날 수 있는데, 이때 뇌의 두 반구가 교대로 작동한다.[139] 조류 화석 중에 날개 길이가 가장 긴 것은 아르헨티나에서 발견된 독수리 화석, 아르젠티나비스이다. 양쪽 날개를 편 길이가 8m에 이르는 독수리 화석과 비교하면 나그네알바트로스조차 왜소하게 보인다.

셋째, 조류 화석도 익룡처럼 날개 중간에 발톱이 있다. '공자의 새'라 불리는 콘푸키우소르니스 화석에는 날개 앞에 세 개의 앞발가락이 있다. 첫 번째와 세 번째 앞발가락에는 꽤 날카로운 발톱이 있어서 나뭇가지를 움켜쥘 수 있고 납작하게 생긴 가운데 앞발가락은 비행 깃털을 지지한다. 비둘기 정도 크기의 콘푸키우소르니스는 부리에 이빨이 없으며 꼬리뼈의 길이가 매우 짧다.

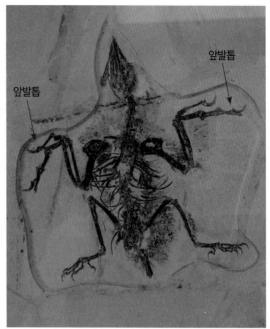

깃털

앞발톱

앞발톱

그림12-6. 콘푸키우소르니스(공자새) 화석

콘푸키우소르니스와 같은 지역에서 발견된 지베이니아 화석[그림12-7]도 날개 중간에 앞발톱이 있다. 작은 비둘기 정도 크기의 새 화석으로 꼬리뼈가 매우 짧으며 부리에는 이빨이 돋아 있다.

현존하는 모든 새들에게는 이빨이 없지만, 새에게 이빨 유전자가 있음을 보여 주는 실험이 있다. 배아 상태인 병아리의 입 조직을 발생 중인 쥐의 입 부위에 이식하고 관찰하였다. 그런데 쥐의 이빨이 나는 모습이 정상적인 쥐의 이빨이 아니었고, 새 조상들이 가졌던 원뿔형 나무집게처럼 생긴 이빨이었다.[140] 쥐에 이식하는 방법으로 병아리의 정상적인 조절유전자를 제거하여 이빨 유전자가 발현된 것이다. 조류의 짧고 뭉툭하고 골질인 꼬리를 부호화하는 유전자에 변화를 주어 길고 골질인 꼬리가 발생하게끔 한 발생학 연구도 있다.[141] 새들은 옛날에 가졌던 유전자를 거의 모든 유전체 안에 간직하고 있다. 단지 퇴화되어 드러나지 않을 뿐이다.

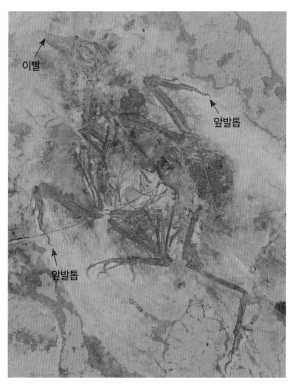

그림12-7. 지베이니아 화석

　새와 익룡은 하늘을 날 수 있는 항온동물로서 여러 가지 특징이 유사하다. 익룡이 역동적으로 날지 않았을 수도 있지만, 동물의 왕국에서 비행은 그 자체가 역동적인 운동이다. 익룡 역시 기낭계의 존재와 일치하는 뼈의 함기성을 보인다.[142] 그리고 이들은 같은 서식지에서 공존하였다. 전라남도 해남 우항리 해변가에는 물갈퀴 달린 새와 익룡의 발자국이 같은 지층에 보존되어 있다. 몇몇 새 발자국은 익룡 발자국 안에 일정한 깊이로 찍혀 있다. 익룡 발자국 가운데 물새 발자국이 있어 익룡 발자국이 굳어지기 전에 새가 밟았음을 알 수 있다.[143] 경상남도 진주 가진리에서도 새와 익룡의 발자국 화석이 같이 나온다. 도요물떼새 발자국 2,500개, 다른 새 발자국 365개, 공룡 발자국 80개, 익룡 발자국 20개가 이 지역에서 발견되었다.[144] 진주 가진리에서 발견된 새 발자국은 크게 3종류로 작은 물새 발자국, 큰 물새 발자국, 물갈퀴가 있는 새 발자국이다.

시조새 닮은 호아친, 호아친 닮은 시조새

　식물을 먹고 사는 새는 아주 드물다. 식물은 무겁고, 에너지가 적으며, 느리게 소화되므로 조류의 비행연료로 적합하지 않다. 그러나 남아메리카 습지에 사는 호아친은 소처럼 식물만 먹고 살 수 있다.[145] 호아친의 모이주머니는 위보다 50배나 커서 몸무게의 3분의 1을 차지한다. 거의 모든 새가 모이주머니를 저장소로 이용하는 것과 달리 호아친의 모이주머니는 소화기능의 대부분을 담당한다. 소의 전장처럼 호아친의 모이주머니는 나뭇잎의 셀룰로오스를 분해하는 박테리아와 효소로 가득 차 있다. 그곳에서 식물섬유의 무려 70%를 소화한다.[146] 소처럼 먹으니 소 냄새가 날 수밖에 없다. 모이주머니에서 지방산이 발효되어 생기는 냄새 때문에 호아친은 '악취 나는 새'라고 불린다. 소와 마찬가지로 호아친도 먹은 것을 소화하기 위해 긴 시간을 소비한다. 한 끼 식사를 이틀 동안 소화하는데, 모든 새 중에서 소화가 가장 느리다.[147] 모이주머니가 커서 비행에 필요한 근육이 있을 자리가 비좁은데다가, 몸무게 때문에 잘 날지 못하므로 거의 온종일 햇볕을 쬐면서 먹은 것을 소화하며 보낸다. 이때, 모이주머니를 유용하게 사용한다. 가득 채워진 모이주머니의 아랫부분을 나뭇가지에 기대고 앉아 그 위에서 균형을 잡는다.

그림12-8. 호아친

갓 태어난 새끼 호아친의 날개에는 시조새 화석처럼 앞발톱이 있다. 알에서 깨어난 지 3일밖에 안 된 새끼가 무리에서 괴롭힘을 당하면 물로 뛰어들었다가 마치 작은 원숭이처럼 날개에 있는 앞발톱과 뒷발의 발톱을 이용해 나무를 타고 둥지로 돌아온다. 새끼가 성장하면 날개에 있던 앞발톱은 사라진다. 날개 중간의 발톱이 없어도 커다란 모이주머니와 뒷발로 나뭇가지 위에서 균형을 잡을 수 있다.

'돌에 새겨진 오래된 날개'라는 뜻의 아르카이오프테릭스(시조새)가 1877년 독일 아이히슈테트 지방, 졸른호펜의 석회암에서 발견되었다. 아르카이오프테릭스는 대충 '작은 갈색 새들'이라고 뭉뚱그려 말하는 그렇고 그런 새 중 하나 혹은 까치 쪽에 더 가까운, 작은 크기의 새 화석이다. 목은 아치형을 그리며 휘었고, 날아가는 듯이 두 날개를 활짝 펴고 있다. 물 표면을 따라 하나하나 펼쳐진 깃털은 둥글게 곡선을 그린다. 비틀림에 강하고, 항력을 감소시키며, 부력을 발생시킬 수 있는 비대칭적인 비행용 깃털이 선명하게 보인다. 깃털의 깃축과 깃판이 완벽하게 오늘날의 새와 같으며 주변에서 보는 새들의 깃털과 별반 차이가 없다.

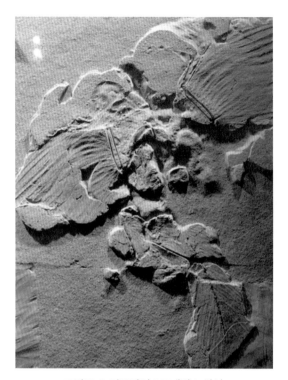

그림12-9. 아르카이오프테릭스 화석

아름다운 날개 깃털과 꼬리 깃털에서 눈을 옮겨 골격을 보면, 부리에 이빨이 위, 아래 각각 10개씩 나 있고 날개 중간 부분에 발톱이 달린 3개의 발가락이 있다. 그리고 깃털 자국이 선명한 긴 꼬리가 곧게 뻗어 있다. 다른 표본에서는 다리에도 깃털이 있던 흔적을 볼 수 있다.

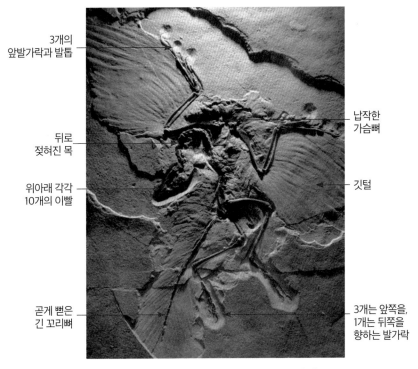

3개의
앞발가락과 발톱

뒤로
젖혀진 목

위아래 각각
10개의 이빨

곧게 뻗은
긴 꼬리뼈

납작한
가슴뼈

깃털

3개는 앞쪽을,
1개는 뒤쪽을
향하는 발가락

그림12-10. 시조새(아르카이오프테릭스) 화석

시조새와 닮은 새 화석을 독일과는 동떨어진 중국에서 찾았다. 중국 랴오닝성에서 발견된 안키오르니스 화석에는 뚜렷한 비대칭형 깃털이 있다. 비행 깃털이 날개뿐만 아니라 다리도 덮고 있어서 마치 날개가 네 개 달린 것 같다. 길이가 겨우 30㎝밖에 되지 않는 이 작은 새 화석은 깃털이 나 있는 뚜렷한 머리볏을 달았고, 부리에는 이빨이 있으며 날개 중간에 앞발톱과 빳빳한 긴 꼬리를 가졌다. 최근 연구에서 안키오르니스의 깃털 색이 복원되었다. 수 나노미터 크기의 물체를 크게 확대시켜 볼 수 있는 주사현미경을 통해 놀랍게도 안키오르니스의 깃털 화석에서 색소 세포를 만드는 세포 소기관을 찾아냈다. 깃털 화석에 남아 있는 세포 소기관의 모양은 회색, 검은색, 흰색 그리고 적갈색을 띠게 해 주는 오늘날 새의 깃털에서 관찰되는 세포 소기관의 모양과 유사하다. 색이 더해진 안키오르니스의 모습은 큰오색딱따구리 같다. 복원 결과에 따르면 온몸이 검은색 깃털로 덮여 있었고, 머리 위에 솟아오른 깃털로 된 볏은 적갈색, 날개와 다리와 꼬리에는 끝이 검은 하얀 깃털이 달려 있었다.

날개 깃털→

→다리 깃털

그림12-11. 미크로랍토르 화석

'작은 약탈자'라는 뜻의 미크로랍토르도 중국 랴오닝성에서 발견되었다. 미크로랍토르는 38㎝밖에 되지 않는 작은 화석이다. 뒷다리에도 날개가 달려 있고, 빳빳한 긴 꼬리, 날개 중간에 앞발톱, 이빨이 있는 부리를 갖고 있다. 기다란 날개깃은 비대칭형 깃털이다. 그런데 날개깃이 날개와 뒷다리에 모두 달려 있다. 다리에 달린 날개깃이 날개의 날개깃만큼이나 길어서 땅 위에 서 있으면 나팔바지처럼 바닥에 끌릴 정도이다. 다리에 있는 긴 날개깃 때문에 미크로랍토르는 땅 위에 내려앉지 않고 나무 위에서 생활하며 나무와 나무 사이를 날아다녔을 것이다. 미크로랍토르의 깃털 화석에서도 색소 세포를 만드는 세포 소기관을 찾아냈다. 세포 소기관이 모두 까마귀 같이 검은색을 띠게 하는 모양이었다. 미크로랍토르는 머리에서 날개, 다리까지 온통 윤기가 흐르는 검은 깃털로 덮여 있었다.

　현재 모든 새들에게는 이빨이 없다. 그리고 대부분의 새들이 잡식 또는 육식을 한다. 새의 사냥에서 날카로운 부리와 앞발톱은 충분한 도구이다. 사냥을 하는 새에게 이빨이 있다면 어떨까? 작은 이빨은 충격에 약할 것이고, 큰 이빨은 무게가 부담스럽다. 부리나 발톱으로 순식간에 먹잇감을 낚아채는 사냥 과정에서, 부서지기 쉬운 작은 이빨은 불필요하다. 새의 이빨이 사냥과 육식용 도구가 아니면, 그것은 식물을 베고 자르는 데 유용했을 것이다. 즉, 위아래 부리에 작은 이빨을 갖고 있는 아르카이오프테릭스, 안키오르니스 그리고 미크로랍토르의 주식은 식물이었다. 이 새들은 맞물리는 이빨로 여유롭게 나뭇잎을 잘게 잘라 먹었을 것이다. 그리고 새끼 호아친처럼 발톱이 있는 앞발가락을 뒷발과 함께 사용하여 나무를 탈 수 있었다. 아르카이오프테릭스의 뒷발가락 중에 3개는 앞쪽을, 1개는 뒤쪽을 향한다. 오늘날의 새처럼 뒤를 향해 있는 뾰족하고 큰 발가락은 나뭇가지를 붙들고 앉을 때 유용하게 사용되었다. 또한 곧게 뻗은 긴 꼬리와 풍성한 꼬리 깃털을 이용해 나뭇가지 위에서 자유자재로 균형을 잡을 수 있었다.

　나뭇잎을 잘게 자르거나 베어내기에 유용했던 이빨은 새들이 사냥을 하면서 더 이상 필요치 않게 되었다. 몸무게를 최소로 하여, 사냥을 위해 빠른 비행을 하는 새에게 무게만 많이 나가고 충격에 약한 이빨은 거추장스러울 뿐이다. 결국 빠른 비행과 사냥에 방해되는 무거운 이빨, 긴 꼬리뼈, 다리를 덮는 날개깃은 자취를 감추었다. 그리고 날개에 달린 앞발톱은 타조, 작은뜸부기, 붉은부리갈매기 등 몇몇 새에서 거의 퇴화되어 명맥만 유지한 채 남아 있다.

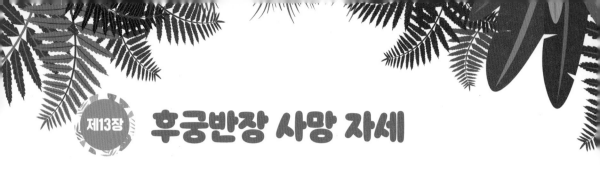

제13장 후궁반장 사망 자세

동물이 죽으면 근육의 긴장이 전면적으로 없어지므로 사체가 일시적으로 이완된다. 그러나 일정 시간이 지나면 근육이 수축되며 관절을 고정시켜 사체가 뻣뻣해진다. 동물이 죽은 후 2~4시간 내에 턱관절과 목관절에서 경직 현상이 처음 나타나며, 6~7시간이 지나면 사지의 큰 관절을 비롯하여 전신에 출현하고, 7~8시간 후에는 손가락, 발가락까지 이른다.[148] 시간이 흐를수록 그 강도가 점점 강해져서 20시간 정도에서 최고조에 달하여 30시간까지 지속된다.[149] 최고조에 달했던 경직은 자가 융해에 의해 점차 풀리고 부패가 잘 일어날 수 있는 조건일수록 빨리 사라진다. 만약 동물이 죽고 사후경직이 진행된 상태에서 퇴적물류에 묻혔다면 뒤틀린 자세의 화석이 될 수 있다. 또한 급격히 매장된 경우에도 사후경직과 같이 목이 뒤쪽으로 꺾여서 뒤틀려 있는 자세를 취한다. 홍수와 사태에 빠진 동물이 기도를 확보하기 위해 필사적으로 머리를 뒤로 젖히고, 꼬리를 위쪽으로 말아 올린 것을 '후궁반장 사망 자세'라고 한다.

[그림13-2]에서 볼 수 있듯, 스테고사우루스의 가장 두드러진 특징은 목부터 꼬리까지 등줄기를 따라 늘어서 있는 커다란 오각형 모양의 골판과 꼬리

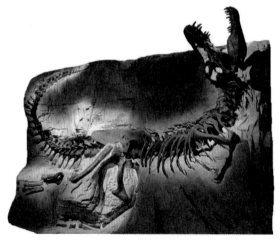

그림13-1. 티라노사우루스 화석

끝에 있는 창 모양의 뼈이다. 목에 있는 골판 때문에 목을 뒤로 젖히는 것이 쉽지 않았음에도 불구하고, 스테고사우루스 화석 표본도 다른 전신골격 화석처럼 목이 뒤로 젖혀져 있다. 또한 꼬리뼈의 중간 부분이 부러져 있지만, 몸통에서 뻗어 나온 꼬리의 방향은 위를 향한다.

그림13-2. 스테고사우루스 화석

중국 동북부의 랴오닝성에서 후궁반장 사망 자세로 묻힌 시노사우롭테릭스 화석이 발굴되었다. 날렵한 체형에 몸길이가 1.1m이고, 목부터 등을 따라 꼬리 끝까지 솜털 같은 실가지들이 그대로 보존되어 있다. [그림13-3]을 보면, 적갈색과 황갈색의 얇은 털 그리고 꼬리에 있는 줄무늬 등 몸 전체를 덮은 털의 어렴풋한 색상이 구분된다. 털은 뼈나 조개껍데기보다 빨리 분해되며, 아무리 부드러운 이암이나 셰일을 형성하는 데도 열과 압력이 필요하므로 쉽게 손상 받는다. 랴오닝성에서 털이 보존될 만큼 좋은 상태의 화석이 나온 것은 지층이 인회암으로 이루어져 있기 때문이다. 인회암은 주로 화산재로 만들어지는데, 당시 이곳에 화산 분화가 수차례 덮쳤음을 말해 준다. 동물의 사체 위로 미세한 가루 같은 화산재가 층층이 쌓였다. 화산재에 덮인 사체는 산소 결핍 상태로 보존되었다. 이런 환경에서는 사체를 분리하는 미생물의 활동이 차단되므로 털처럼 부드러운 조직도 화석으로 남을 수 있다.

그림13-3. 시노사우롭테릭스 화석

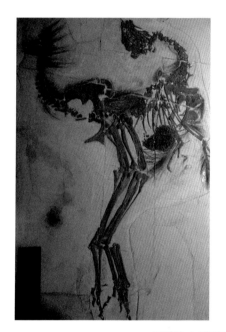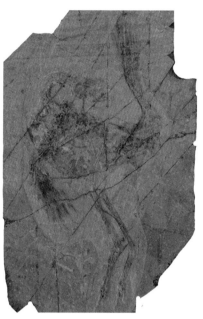

그림13-4. 카우딥테릭스 화석

'꼬리 깃털'이라는 뜻의 카우딥테릭스가 중국 랴오닝성의 중생대 쥐라기 지층에서 발견되었다. 몸길이 1m 정도로 전체적으로 가늘고 튼튼한 뼈대와 긴 다리가 돋보이며, 갈빗대 사이에 씨앗을 찧는 작은 돌이 현대 새의 모래주머니에 해당하는 위치에 정확하게 남아 있다. 앞발과 꼬리 끝에 깃털이 무리지어 부채처럼 펼쳐져 있다. 각 깃털에는 뚜렷한 깃축과 좌우대칭인 깃판이 보인다. 이처럼 비대칭성이 없는 깃털은 현대의 타조, 레아, 에뮤처럼 날지 못하는 새의 깃털과 같다. 카우딥테릭스의 깃털은 체온을 유지하거나 독특한 외적 특징을 드러내는 용도였을 것이다.

새를 새답게 해 주는 눈에 띄는 특징 중 유일하게 새에게만 있는 것이 바로 깃털이다. 깃털은 가볍고 부드러우면서도 견고하고 속이 빈 깃대가 점점 가늘어지면서 우아한 깃판이 펼쳐진다. 갈매기 날개에서 어쩌다 떨어진 깃털이든 겨울철 점퍼 안에서 빠져 나온 거위 깃털이든 틀림없는 모양을 하고 있다. 우리는 그 깃털이 새의 것임을 한눈에 알아 볼 수 있다. 깃털은 단순한 실 모양의 털과는 달리 중앙에 각질로 이루어진 길고 뻣뻣한 속 빈 깃대가 있고, 깃대를 중심으로 양옆으로 깃가지들이 뻗어 있다. 뻗어 있는 깃가지는 또 그 깃가지를 중심으로 더 작은 깃가지들이 뻗어 있고, 이 작은 깃가지들은 또다시 더 작은 깃가지들을 가진다. 작은 깃가지들은 서로를 갈고리처럼 걸고 있어 강한 바람이 불어도 모양을 유지할 수 있다.

새는 어릴 적 둘렀던 복슬복슬한 솜털을 벗고 겉깃털, 비행깃, 반깃털, 솜털깃, 강모깃털, 가루솜털깃, 털모양 깃털 등 다양한 종류의 깃털을 입는다. 보통 명금류의 몸에는 깃털이 모두 2,000~4,000개 정도 있는데, 이 가운데 거의 대부분이 솜깃털 깃가지를 지니거나 뒷축깃이라 불리는 솜털 같은 부속물을 갖고 있으며, 전적으로 솜깃털 구조를 지니는 깃털도 많다.[150] 방수 기능을 가진 겉깃털로 안전하게 감싸인 솜깃털은 피부 근처에서 복잡한 그물망을 이루어 따뜻하고 건조한 공기 주머니를 품고 있다. 겉깃털은 겉으로 보이는 새의 깃털 층을 이룬다. [그림13-5]에서 볼 수 있듯이, 깃판이 깃축을 사이에 두고 반듯하게 좌우 균형을 이루고 작은 깃가지가 서로 맞물려 방수 기능이 있는 매끄러운 전체를 구성한다. 한편 새의 몸을 감싸는 수천 개의 깃털 가운데 비행을 위한 비행깃의 수는 겨우 수십 개 정도밖에 되지 않는다. 날개에 달린 비행깃은 날개깃으로, 꼬리에 달린 비행깃은 꽁지깃으로 부르기도 한다. 날개깃과 꽁지깃만이 진정한 날개다운 비대칭 구조를 지닌다. 날개와 꼬리 안쪽에 층층이 줄지어 작은 날개를 포개 놓은 듯이 자리 잡고 있는 비행깃은 개별적으로 움직이기도 하고 하나로 협력하기도 하면서 새가 비행하는 동안 미묘한 움직임까지도 탁월하게 통제하도록 해 준다.[151]

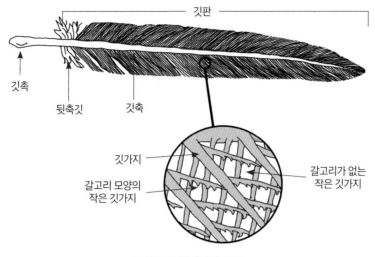

깃판

깃촉

뒷축깃   깃축

깃가지

갈고리 모양의
작은 깃가지

갈고리가 없는
작은 깃가지

그림13-5. 겉깃털의 구조

깃털이나 실가지 털 또는 **깃돌기**[8]를 가진 중생대 지층의 화석 동물을 통틀어 깃털
공룡이라고 한다. [그림13-6]에서 비교적 작고 꼬리가 없는 화석은 공자새이고, 긴
꼬리와 작은 이빨이 있는 화석이 깃털공룡 시노르니토사우루스이다. 그런데 공자새
도 깃털이 있기 때문에 깃털공룡이라고 불린다.

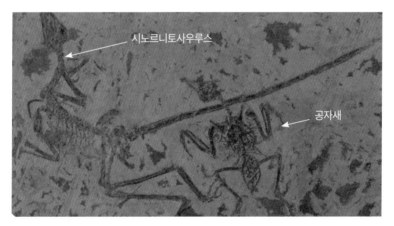

시노르니토사우루스

공자새

그림13-6. 시노르니토사우루스와 콘푸키우소르니스(공자새) 화석

8) **깃돌기**: 날개깃털이 부착되는 곳의 뼈 위에 살짝 튀어나온 부분. 칠면조와 같이 크고 무거운 날개깃털을 가
진 새들에게서 볼 수 있는, 크고 무거운 깃털을 지탱해 주는 구조.

깃털공룡의 범위는 매우 넓다. 카우딥테릭스[그림13-4]는 날지 못하는 새이지만 깃털을 가진 깃털공룡으로 분류된다. 앞서 소개한 몸길이 1.1m의 시노사우롭테릭스[그림13-3]는 알록달록한 실가지 털로 덮인 깃털공룡이다. 이빨이 포유류처럼 앞니와 송곳니 그리고 어금니로 분화되어 있는 헤테로돈토사우루스도 실가지 털을 가진 깃털공룡으로 불린다. 중국에서 발견된 헤테로돈토사우루스와 비슷한 종류의 공룡에게서 실가지 털이 발견되어 헤테로돈토사우루스도 실가지 털이 있을 것으로 여겨진다.

2002년, 고생물학자들은 가장 완벽하게 보존된 프시타코사우루스 골격 표본을 한 점 공개했다. [그림13-7]에서, 꼬리 윗부분에 16㎝나 되는 뻣뻣하고 억센 머리카락 같은 털이 그대로 보인다. 프시타코사우루스는 어린 개체에서 성체까지 가장 많은 수의 서로 다른 연령대를 보여 주는 화석이다. 양 뺨에 튀어나온 뼈 돌기가 돋보이며 두개골이 둥근형이라 두 눈 사이의 간격이 넓고, 비교적 큰 뇌를 가졌을 것이다.

실가지 털

그림13-7. 프시타코사우루스 화석

몸 전체가 가는 실처럼 생긴 섬유들로 덮여 있는 베이피아오사우루스도 깃털공룡이다. 베이피아오사우루스는 뒷다리로 걸으며 낫 모양의 긴 앞발톱을 가진 테리지노사우루스류이다. [그림13-8]에서 볼 수 있듯이 베이피아오사우루스의 목 주위에 뻣빳한 털이 수북하게 나 있다. 털의 길이가 약 5㎝이고 긴 것은 7㎝ 정도이다.

깃털공룡의 범위는 티라노사우루스에까지 이른다. 유티라누스 후알리(몸길이 9m의 티라노사우루스류)의 뼈 주위에는 가늘고 긴 섬유 모양의 털 흔적이 있다. 빳빳한 털 흔적이 거의 온몸에서 발견되며 특히 뒷머리의 털은 길어서 20㎝ 정도이다.

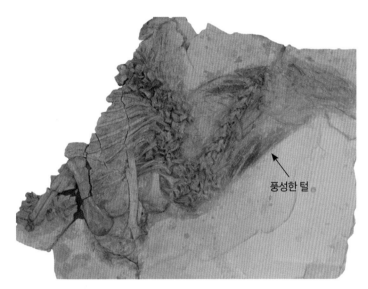

풍성한 털

그림13-8. 베이피아오사우루스 화석

벨로키랍토르 화석의 앞다리뼈 아래에서 깃돌기가 발견되면서 벨로키랍토르, 데이노니쿠스와 다른 작고 민첩한 이족보행 공룡들을 아우르는 드로마이오사우루스류도 깃털공룡으로 분류된다. 깃털 화석이 발견되지는 않았지만 잘 발달된 깃돌기들을 가지고 있는 걸로 봐서 벨로키랍토르 또한 깃털로 덮여 있었을 것이라 추정한다.

깃돌기는 타조공룡 화석의 앞다리 뼈에서도 발견되었다. 타조공룡[그림13-9]은 이름 그대로 타조처럼 생긴 공룡들을 말한다. 좁고 길며 이빨이 없는 턱과 커다란 눈을 지닌 두개골은 새와 매우 유사한 외관을 보인다. 다리도 길고 목이 유연하고 긴데다 이빨 없는 부리주둥이 머리가 오늘날의 타조를 많이 닮았다. 두개골이 얇고 가벼워서

타조처럼 유연하게 머리를 움직일 수 있었다. 타조공룡은 유난히 앞다리가 가늘며 길게 뻗어 있고, 앞 끝에는 발톱이 달린 3개의 긴 발가락이 있다. 상당히 가냘픈 앞발가락은 호리호리한 부리가 미치는 범위로 나뭇가지를 구부리는 데 사용되었을 것이다. 뒷다리도 현저하게 가늘고 길다. 발의 구조가 타조와

그림13-9. 오르니토미무스(타조공룡) 화석

같은데, 타조처럼 빨리 달리는 데 적합하였다. 목이 가늘고 길어서 매우 유동적이지만, 등의 척추골은 강력한 인대에 의해 단단히 고정되었고 척추골을 구성하는 뼈가 매우 길다. 꼬리는 몸의 앞쪽 절반과 균형을 유지하고, 그 끝이 딱딱한 막대처럼 단단하여 직선으로 달릴 때에 꼬리가 옆으로 흔들리는 것을 방지하였다.

닭을 닮은 오비랍토르 화석에게도 깃돌기가 있다. 오비랍토르는 '알 도둑'이라는 뜻인데, 처음 발견되었을 때 알을 훔치러 둥지에 다가갔다가 둥지 주인의 공격을 받아 죽었을 것이라는 오해를 받았다. 하지만 오비랍토르가 앉아 있던 둥지는 사실 오비랍토르의 것이었다. [그림13-11]을 보면 오비랍토르의 뒷다리 사이에 품고 있던 두 개의 알이 그대로 보인다. 몽골 고비사막에서 둥지 위에 앉은 키티파티(오비랍토르류)가 발견되었다. 키티파티는 사람만 한 몸집에 닭처럼 생겼다. 키티파티 밑에는 22개의 알들이 놓여 있었는데, 둥지의 중앙에 앉아 양 날개를 벌려 알을 품은 모습 그대로 매장된 것이다.

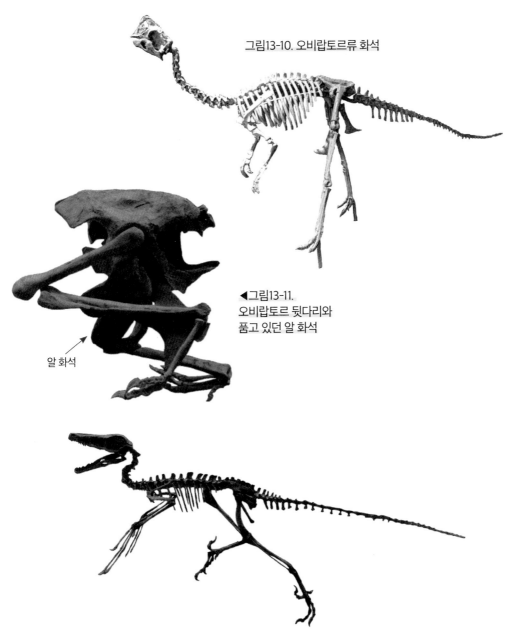

그림13-10. 오비랍토르류 화석

◀그림13-11.
오비랍토르 뒷다리와
품고 있던 알 화석

알 화석

그림13-12. 시노베나토르 화석(몸길이 50㎝, 트로오돈류)

이제는 더 이상 '공룡'을 상상하면서, 뱀의 눈과 비늘 피부를 가진 느릿한 거대 파충류를 떠올리지 않을 것이다. 브라키오사우루스, 트리케라톱스, 에드몬토사우루스, 티라노사우루스는 활동적인 자세로 활발하게 움직이며 많은 양의 먹이를 섭취하는 항온동물이었다. 파충류로 분류되었던 공룡이 항온동물에 이르렀고, 시조새와 공자새도 공룡으로 분류하여 조류까지 아우르고 있다. 공룡의 범위가 지나치게 넓다.

깃털이나 실가지 털, 깃돌기를 가진 중생대 지층의 모든 화석 동물을 깃털공룡으로 분류하면서 광범위한 무리가 깃털공룡이 되었다. 즉, 날 수 있는 새, 날지 못하고 뛰는 새, 오비랍토르류, 드로마이오사우루스류, 타조공룡, 헤테로돈토사우루스류, 프시타코사우루스류, 테리지노사우루스류, 티라노사우루스류 등 분명히 구분되는 무리가 애매모호한 큰 집단을 이룬 것이다.

뚜렷한 깃대와 깃판이 있는 깃털은 새의 특징이고 머리카락 같은 털은 새가 아닌 다른 항온동물의 것이다. 오늘날의 새들과 같은 외모와 몸집 그리고 뚜렷한 겉깃털과 비행깃을 가진 것은 새다. 날거나 날지 못하는 분명한 새들 즉, 공자새나 시조새, 안키오르니스처럼 날 수 있는 새 화석과 카우딥테릭스와 같은 날지 못하는 새 화석은 공룡이 아니다. 그리고 헤테로돈토사우루스류, 프시타코사우루스류, 테리지노사우루스류, 티라노사우루스류에게는 깃털이 아닌 실가지 털이나 빳빳한 털이 있을 뿐이다. 이들은 털이 있는 공룡이다. 털은 단열재로서 공룡이 항온동물인 것을 확증한다. 그러면 나머지 화석들, 새와 아주 닮은 화석 동물인 오비랍토르류, 작은 드로마이오사우루스류, 타조공룡, 그리고 [그림13-12]와 같은 트로오돈류는 깃털이 있는 공룡인가? 아니면 새인가?

다음 네 가지 가지 사실을 확인하며 스스로 답해 보자.

첫째, 둥지에 앉아 앞다리를 넓게 펴서 알을 품고 있는 오비랍토르 화석, 목을 구부려 머리를 앞다리 밑으로 넣고 잠든 메이 롱(트로오돈류)화석은 새의 습성을 그대로 반영한다. 오늘날 새들이 잠을 잘 때 머리와 다리를 따뜻하게 하기 위해 취하는 자세로 잠자다 죽은 메이 롱은 손바닥에 올려놓을 수 있는 크기다.

둘째, 조류 화석에도 긴 꼬리와 부리에 있는 이빨, 세 개의 앞발가락이 있다.

셋째, 공룡과 새는 함께 살았다. 크고 작은 물새와 물갈퀴 있는 물새가 공룡과 얼마 떨어지지 않은 곳에 발자국 도장을 같이 찍을 만큼 서식지가 겹쳤다.

넷째, 공자새와 드로마이오사우루스류가 같이 살았다. [그림13-6]을 보면, 공자새와 시노르니토사우루스(드로마이오사우루스류)가 나란히 묻혀 화석이 되었다.

제14장

화석 산지 (1)

아시아 중국 서남부, 쓰촨성의 쯔궁 다산푸에서 100마리 이상의 공룡 화석이 출토되었다. 대형 사족보행 공룡을 비롯해 뿔공룡, 갑옷공룡, 이족보행 공룡 등 수많은 공룡들이 무더기로 묻혀 있었다. 중국 대륙을 전체적으로 보면 서쪽이 높고 동쪽으로 갈수록 낮은 지형인데, 대륙의 동쪽 끝에 위치한 산동성 동부일대도 쓰촨성에 버금가는 대규모 화석 산지이다. 산동성 동부, 웨이팡시의 산왕 국가 지질공원을 이루는 퇴적층은 수많은 포유류의 눌린 화석을 품고 있었다. 웨이팡 제성시에는 폭 10m, 깊이 5m, 길이 300m의 사암층에 3,000개 이상의 공룡 뼈 화석들이 무더기를 이룬다. 이곳으로부터 3㎞ 거리의 퇴적층에도 수많은 공룡 화석 무더기가 [그림14-1]과 같이 보존되어 있다.

그림14-1. 제성 공룡 국가 지질공원 (중국 산동성)

몽골 남중부, 우카 톨고드의 지층에서 약 200점의 공룡 뼈대와 1,000여 점에 달하는 작은 포유류 화석, 약 1,400점 정도의 도마뱀 화석, 알 화석이 발견되었다.[152] 그중 가장 놀라운 화석은 어미 오비랍토르가 알을 품고 있는 화석이다. 이 둥지 화석은 80㎝×70㎝ 정도 크기이고, 어미가 앞발을 넓게 펴서 알들을 끌어안고 있다.

아메리카　남아메리카, 아르헨티나의 파타고니아 뉴켄 분지를 형성하는 퇴적물에서 작은 크기부터 중간 크기의 파충류와 포유류 그리고 대형 공룡까지 다양한 동물들의 화석이 거의 완전히 연결된 뼈대로 출토되었다.[153] 대형 사족보행 공룡의 알둥지도 뉴켄 분지에서 수천 점이나 나왔다. 대부분이 파괴되었지만 놀랍게도 공룡의 배아를 고스란히 간직한 알도 있다. 티타노사우루스로 확인된, 태어나지 못한 새끼의 겉가죽은 다른 공룡의 피부 화석처럼 비늘이 없고 가죽과 비슷한 모습이다.[154]

로키 산맥을 따라 몬태나 동부에서 시작해 노스다코타와 사우스다코타 및 와이오밍까지 이어진 불모지대의 헬강 암층에서 에드몬토사우루스, 트리케라톱스, 티라노사우루스 등의 공룡 화석을 비롯하여 100여 종의 작은 포유류 화석이 발견되었다. 공룡알산 지역에는 화산재에 묻힌 만 마리 이상의 마이아사우라(몸길이 7~9m의 오리주둥이 공룡)의 뼈가 거의 2km에 걸쳐 널려 있었다.[155]

모리슨 암층은 로키 산맥을 따라 몬태나 남부에서부터 뉴멕시코까지 뻗어 있는 복잡한 지층군이다. 대체로 척박한 불모지이며, 남쪽의 사막부터 북쪽의 협탄층 소택지까지 다채로운 환경을 보인다. 유타의 발굴지에서 약 40구의 카마라사우루스, 디플로도쿠스, 아파토사우루스, 캄프토사우루스, 스테고사우루스, 알로사우루스 등 다양한 공룡 화석들이 출토되었다. 공룡 외에도 여러 동물의 화석이 함께 발견된다. 콜로라도의 드라이 메사 공룡동산에서 발굴팀은 거대한 수퍼사우루스와 울트라사우루스를 비롯해 23종의 공룡 잔해와 익룡, 악어, 거북, 양서류와 폐어류 및 다양한 작은 포유류 화석을 발견하였다.[156]

캐나다 앨버타의 남부 불모지인 레드디어 밸리에는 관절이 연결된 공룡 뼈대 300점을 포함해 수백 점의 공룡 화석과 20여 종의 작은 포유류 화석, 도마뱀 화석, 익룡 화석이 묻혀 있었다.[157]

미국 네브라스카주 아케이트 스프링 국립기념물인 뼈 화석은 작은 코뿔소, 땅늘보, 거대한 돼지, 낙타, 고양이, 개 등의 수백 마리 또는 그 이상의 뼈가 엉킨 가로, 세로 수m 크기의 뼈 덩어리이다. 열 개 이상의 커다란 머리뼈, 굵고 가는 수많은 갈비뼈, 크고 작게 조각난 척추, 수많은 종아리뼈와 넙다리뼈에 어깨뼈, 이빨이 선명한 아래턱뼈가 우선 눈에 띈다.[158] 뼈 틈에 펄이 차 있지만, 거의 뼈로만 되어 있어 한마디로 '뼈 덩어리'라고 말할 수 있을 정도이다.

그림14-2. 뼈 덩어리 화석 (미국 네브라스카주)

미국, 로스앤젤레스의 라 브레아 타르 피트(La Brea Tar Pits)에는 60여 종의 포유류 화석을 포함하여 600종 이상의 동물 뼈 화석이 100만 점가량 묻혀 있었다. 그중에는 스밀로돈(검치호랑이)이 700마리 이상(16만 6,000점)이었고, 다이어울프가 무려 4,000여 마리나 되었다.[159] 끈적이는 천연 아스팔트 구덩이에서 건져 올린 동물들의 일부를 나열하면 다음과 같다.

포유류	매머드, 아메리카마스토돈(코끼리류), 땅나무늘보, 샤스타나무늘보, 들소, 아메리카낙타, 라마, 말, 가지뿔영양, 타르구덩이가지뿔영양, 캘리포니아테이퍼, 와피티사슴, 사슴, 쇼트페이시드베어, 불곰, 검정곰, 아메리카라이언, 스밀로돈(검치호랑이), 재규어, 아메리카치타, 퓨마, 이리, 회색늑대, 코요테, 족제비 등
조류	캘리포니아콘도르, 독수리, 호크, 매, 벌쳐, 캐나다두루미, 캐나다거위, 청둥오리, 해오라기, 라브레아황새, 논병아리, 가마우지, 까치, 수리부엉이, 라브레아올빼미, 그레이트로드러너, 밴드테일드피존, 물떼새, 캘리포니아메추라기 등
파충류, 양서류, 어류	킹스네이크, 가터스네이크, 방울뱀, 늪거북, 도롱뇽, 두꺼비, 청개구리, 큰가시고기, 무지개송어 등

그림14-3. 타르 피트에서 건져 올린 다이어울프 두개골 화석과 매머드 화석

유럽　포르투갈 구이마로타의 석탄과 **석회암**[9]에서 수만 점의 화석이 나왔다. 아주 다양한 육지 생물과 수생 생물의 화석으로 갑각류, 곤충, 어류, 9,000여 점의 양서류, 거북, 바다악어, 26종의 작은 포유류, 새, 익룡, 공룡의 화석이 발굴되었다.[160]

프랑스 부르고뉴 지방, 해발 435m인 제나이 산 정상은 매머드, 순록, 말과 그 외

---

9)　**석회암**: 가장 일반적인 퇴적암 중의 하나로, 따뜻하고 얕은 바다에 사는 조개나 굴, 산호 같은 해양 생물체의 유해가 퇴적되어 암석이 된 것이다.

동물들의 뼈로 뒤덮여 있었다.[161] 프랑스 마시프상트랄 지방의 오베르뉴 근처 세네즈 지역, 분화구 호수의 퇴적층에 거의 완전한 상태로 보존된 검치호랑이의 골격과 오리, 황새, 물고기, 개구리, 양서류, 거북 등의 수많은 화석과 골격 표본들이 함께 묻혀 있었다.[162]

앞으로 자주 언급될 검치호랑이(Saber-toothed tiger)는 대형 고양잇과 동물의 화석[그림14-4]이다. '검치'는 길게 휘어 있는 위턱 송곳니 화석을 일컫는 용어이다. 검치호랑이의 검치는 아주 길 뿐만 아니라 납작하게 생겼으며 양날톱처럼 가장자리를 따라 돌기가 돋아 있다.

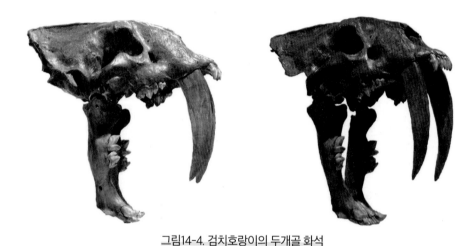

그림14-4. 검치호랑이의 두개골 화석

그리스, 마케도니아 지방 밀리아의 모래못에서 검치호랑이와 마스토돈(코끼리류), 가젤영양, 말, 코뿔소 등의 화석들이 함께 발견되었다.[163] 그중 마스토돈 한 개체의 왼쪽 상아 길이는 4.58m, 오른쪽 상아 길이는 5.02m에 이른다.

독일 튀링겐 남부, 마이닝겐 근처의 운터마스펠트 지역은 세계적으로 유명한 화석 산지이다. 44종에 이르는 다양한 포유류 화석이 강가의 모래 퇴적층에 묻혀 있었다.[164] 주로 사슴, 멧돼지, 말, 바이슨, 설치류, 하이에나, 오소리, 늑대, 유럽재규어,

유럽퓨마, 유럽치타, 멸종 스라소니, 검치호랑이의 화석이었고, 배열 상태가 잘 유지된 코뿔소나 하마 같은 동물의 골격 그리고 아주 드물게 매머드의 화석도 나왔다.

독일, 메셀 피트의 190m 깊이 **함유셰일**(Oil Shale)[10] 광맥에서 악어 화석이 처음 발견된 이래, 65종의 식물과 악어류, 땅거북, 도마뱀, 도롱뇽, 개구리, 뱀, 곤충, 어류, 몸길이 2m가 넘는 날지 못하는 큰 새와 여러 종류의 조류 그리고 박쥐, 천산갑, 개미핥기, 말, 원숭이, 고슴도치류 등 32점의 포유류에 이르는 다양한 화석이 출토되었다. 메셀의 많은 화석들은 놀라울 정도로 섬세한 부분을 보여 준다. 털과 깃털의 윤곽까지 보존되어 있다. 딱정벌레 화석은 그 본래의 아름다운 무지개 빛깔을 보이며 날개막도 관찰할 수 있다.

일반적으로 동굴은 포유류의 화석을 찾기에 상당히 좋은 장소이다.[165] 동굴에서 많은 화석이 발굴된다는 것은 이미 널리 알려진 사실이다. '동굴하이에나'라는 이름은 이들의 화석이 독일의 동굴에서 처음 발견되어 유래한 것이다. 동굴하이에나를 비롯해 동굴곰, 동굴사자 등 멸종된 포유류 중에는 동굴에서 처음 발견된 경우가 드물지 않다. 크고 납작한 두개골을 가진 동굴곰은 오늘날의 알래스카불곰과 크기가 비슷하거나 더 컸다. 동굴사자는 모든 고양잇과 동물 중에서 가장 큰 체구를 가졌다. 아프리카사자에 비해서는 25%가량 더 컸고, 현존하는 대형 고양잇과 동물 중에 가장 큰 종인 시베리아호랑이보다 더 크며 몸길이가 3m에 달했다.[166]

영국 데번셔주, 토키 근방에 있는 켄트 동굴은 화석이 나오는 중요한 동굴 중의 하나이다. 이 동굴에서도 톱니 구조를 가진 납작한 검치 화석들이 여러 점 발견되었다.

스페인 북부 인카르칼 지역의 칼타코 석회암 광산에는 최소 11개체 이상의 것으로 보이는 150점의 검치호랑이 화석 표본을 비롯하여 하마, 남방매머드, 에투루리아코뿔소, 새, 소형 포유류, 파충류, 양서류, 어패류, 곤충, 견과류, 과일 등 다양한 화석들이 함께 묻혀 있었다.[167]

---

10) **함유셰일:** 일부 셰일과 그 밖의 퇴적암은 케로겐이라는 밀랍질의 유기물을 포함한다. 케로겐은 아직 기름(석유)으로 변환되지 않은 유기물이다. 케로겐을 포함한 암석을 함유셰일이라고 한다.

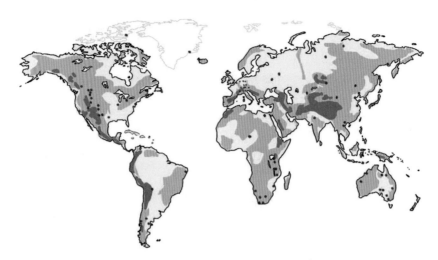

그림14-5. 세계 주요 화석 발굴지 (붉은 점)

　상태가 좋고 풍부한 화석은 주로 세계 곳곳의 악지(惡地)에서 발견된다. 수많은 맨바위가 그대로 드러나 있고, 자갈과 모래가 굳어진 암석이 황량하게 펼쳐진 불모지에 공룡, 포유류, 새, 익룡, 파충류, 양서류, 어패류의 화석이 묻혀 있다. 아시아에는 몽골, 중국, 카자흐스탄에 이런 악지가 있으며, 아르헨티나 남부와 북아메리카에도 여러 곳이 있다. 유럽에는 남북 아메리카나 몽골처럼 화석이 풍부한 드넓은 사막의 악지가 없다.[168] 그 대신 석회암 암반에 있는 골짜기와 동굴에서 나온다. 이런 골짜기와 동굴에는 물에 떠내려 온 포유류의 뼈가 빽빽하게 들어차 있다.[169]

과학노트 〈15〉
검치호랑이

검치호랑이 화석에서 가장 눈에 띄는 점은 길게 자라난 위턱 송곳니, '검치'이다. 검치는 아주 길고 납작하게 생겼으며, 이빨의 테두리에 돌기가 돋아 있다. 턱을 다물었을 때 검치가 부러지지 않도록 보호하기 위해 검치와 닿는 하악골(아래턱뼈) 앞쪽 부분이 아래로 길게 발달하였다.

사자나 호랑이, 재규어의 송곳니는 돌기가 전혀 없이 매끈한 원뿔 모양이며, 위아래 송곳니의 크기가 서로 비슷하다. 송곳니뿐만 아니라, 앞니의 크기와 형태 그리고 배열도 확연히 다르다. 검치호랑이의 앞니는 현생 대형 고양잇과 동물보다 더 크고 뾰족하며, 턱을 다물 때 위아래의 앞니가 서로 맞물린다. 그리고 앞쪽으로 가면서 튀어나와 전체적으로 아치에 가까운 형태로 배열되어 있다. 반면, 현생 대형 고양잇과 동물의 앞니는 직선에 가까운 형태로 나 있고, 턱을 다물어도 서로 맞물리지 않으며, 이빨 끝이 서로 맞닿는 정도에 그친다.

그림14-6. 검치호랑이 화석

	검치호랑이 화석	현생 대형 고양잇과 동물
송곳니	납작하고 길며 가장자리를 따라 돌기가 돋은 위턱 송곳니(검치)	굵은 원뿔 모양의 매끈한 위턱 송곳니
	상대적으로 작아서 앞니와 크기가 비슷한 아래턱 송곳니	위턱 송곳니와 모양과 크기가 비슷한 아래턱 송곳니
앞니	돌출된 전상악골(위턱의 앞쪽 부분)을 따라 앞으로 튀어나오면서 아치형을 그리는 형 태로 배열된 앞니	직선에 가까운 형태로 배열된 앞니
입을 다문 모양	위아래의 앞니가 맞물림	위아래의 송곳니가 맞물리면서 앞니는 끝이 겨우 닿는 정도임
송곳니 단면 모양	 단면모양 납작하다 스밀로돈	 단면모양 둥글다 재규어

　오늘날의 대형 고양잇과 동물은 크기와 형태가 거의 비슷한 위아래 송곳니를 갖고 있다. 턱을 다물 때 원추형의 굵은 송곳니들이 맞물리면서, 앞니는 이빨 끝이 서로 맞닿는 정도에 그친다. 사자는 자신보다 몸집이 큰 사냥감을 지속적으로 물었다 놨다를 반복하여 지치게 만든다. 이때 펜치나 니퍼처럼 위아래 맞물리는 송곳니로 먹잇감을 뚫는다. 송곳니는 단면이 둥글고 굵으며 그 길이가 적당하기 때문에, 사냥감의 몸속으로 깊이 박혔다가도 쉽게 빠져나올 수 있다. 매끈하며 굵은 원뿔 모양의 송곳니는 깨지거나 부러지는 등의 손상 없이 사냥감에게 치명상을 입힌다. 또한 턱에서 거의 수직으로 난 앞니가 사냥감을 강하게 물고 버틴다. 직선에 가까운 앞니의 배열은 무는 힘을 분산시키지 않고 사냥감에게 그대로 전달한다. 즉, 현생 대형 고양잇과 동

물의 이빨 모양과 배열은 사냥에 가장 적합한 구조이다.

단면모양
○
둥글다

그림14-7. 시베리아호랑이의 두개골

검치호랑이의 송곳니는 군도형 검치와 단검형 검치로 나뉜다. 상당히 기다란 군도형 검치는 납작한 형태이며, 양날톱처럼 양쪽 가장자리를 따라 돌기가 촘촘히 돋아 있다.[170] 단검형 검치는 어느 정도 길면서 납작하고, 가장자리에 거친 돌기가 발달해 있다.[171]

군도형 검치를 가진 스밀로돈의 경우, 검치의 길이가 28㎝에 이른다.[172] 전체 길이의 40% 정도는 위턱 속에 박혀 있기 때문에 실제 눈으로 볼 수 있는 부분이 17~18㎝이지만, 전체 길이가 13㎝ 정도인 사자나 호랑이의 송곳니와 비교해 보면 이들의 검치가 어느 정도였는지 쉽게 짐작할 수 있다.[173] 그런데 송곳니의 길이가 길수록 깨물 수 있는 대상의 크기는 작을 수밖에 없다. 하악골은 깨무는 과정에서 주도적인 역할을 수행하지만, 검치를 깊이 찔러 넣는 데는 장애물이 된다. 검치호랑이가 턱을 벌렸을 때 검치와 아래턱 송곳니 끝 사이의 공간이 너무 협소하다. [그림14-8]을 보면 검치호랑이의 아래턱 송곳니가 깨져 있다. 아래턱 송곳니가 깨지지 않았다면 사진에 덧그려진 원보다 더 작은 원이 검치와 아래턱 송곳니 사이에 그려질 것이다. 즉, 사자가 턱을 벌릴 수 있는 최대한의 각만큼 검치호랑이가 턱을 벌려도, 검치호랑이는 대상을 물 수 없다. 따라서 검치를 찔러 넣기 위해서는 턱을 과도하게 벌려야만 한다. 위아래 송곳니 끝이 이루는 각을 살펴보면, 사자가 60° 내외로 턱을 벌릴 수 있는 데 반해, 유난히 긴 검치를 가진 바르보우로펠리스('거짓고양잇과'라고 불리는 님라부스과 화석으로 검치호랑이와는 다름)의 경우 턱을 110° 이상 벌려야 했다.[174] 110° 이상 턱을 벌리기 위해 길게 늘어났다가 다시 줄어들어야 하는 턱 근육은 강한 힘을 발휘하기 어렵다.

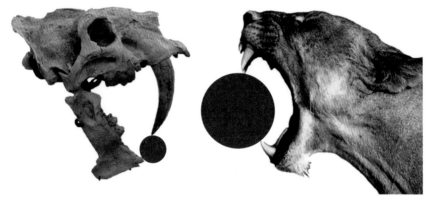

그림14-8. 턱을 벌렸을 때, 송곳니의 길이에 따라 물 수 있는 대상의 크기 비교

길이가 길수록 검치는 많이 휘어 있다. 긴 검치는 상당히 깊은 상처를 만들 수 있을 것처럼 보이지만, 검치의 굴곡과 하악골 때문에 먹잇감을 깊이 관통할 수 없다. 또한 검치는 사람이 휘두르는 칼만큼 예리하지 못하다. 따라서 하악골에 의해 반대 방향에서 밀어주는 힘이 없는 상황에서는 먹잇감의 두껍고 질긴 가죽을 뚫기가 쉽지 않다. 상악골의 움직임만으로 검치를 살 속 깊이 박아 넣기 위해서는 굉장히 큰 힘이 필요하다.

그림14-9. 검치호랑이 화석

　긴 검치를 먹잇감으로 찔러 넣기 위한 큰 힘을 설명하기 위해 검치의 찌르는 동작에 있어서, 하악골이 반대 방향의 힘으로 보조적인 역할을 한다는 주장이 있다. 또는 두개골을 아래쪽으로 당기는 목 근육의 기능을 강조한다. 그런데 근육은 가볍고 작으며 말단 쪽에 위치한 골격을, 보다 무겁고 크며 몸통 쪽에 위치한 골격 쪽으로 끌어당긴다. 검치의 동작과 관련해서 생각해 볼 때, 상대적으로 고정된 상악골을 향해서 하악골이 움직여 대상을 깨물게 된다는 것이 현실적이다.[175] [그림14-9]에서 볼 수 있듯, 검치호랑이의 목은 긴 편이다. 그리고 검치호랑이의 두개골 뒷부분[그림14-10]을 보면 경추와 결합하는 부분이 매우 복잡한 형태를 하고 있다. 이런 형태는 보다 넓은 근육의 부착점을 제공하여 두개골을 뒤쪽으로 당겨서 위쪽을 향하게 하는 근육들이 잘 발달해 있음을 의미한다.[176] 결국 두개골을 아래로 끌어당기는 근육보다 위쪽으

로 끌어올리는 근육이 긴 목을 꼿꼿하게 세워 유지한 것이다. 이상을 종합해 볼 때, 휘어진 긴 검치를 먹잇감 깊숙이 관통시키는 것은 녹록지 않은 일이다.

검치호랑이의 검치는 현존하는 대형 고양잇과 동물의 굵고 짧은 원뿔 모양의 송곳니보다 외부 충격에 약하다. 일반적으로 검치는 납작하고 매우 길기 때문에 골절되기 쉽고, 검치를 이용해 찌르는 과정에서 검치가 뼈를 가격하면 부러질 가능성이 크다. 납작하고 긴 검치는 뼈를 직접 가격한다거나 사냥 시 먹잇감이 요동치면서 뒤틀리는 힘에 노출될 경우에 쉽게 부러질 수 있으므로, 먹잇감을 완전히 제압하기 전에는 함부로 사용할 수 없다. 납작하고 긴

그림14-10. 검치호랑이의 두개골
▲뒤에서 본 모습
▼위에서 본 모습

검치는 찌르는 것뿐만 아니라 빼내는 것도 조심스럽다. 먹잇감의 뼈 사이에 깊이 박힌 길고 납작한 검치를 빼내는 것은 짧고 굵은 송곳니를 빼내는 것보다 어려운 일이다. 만일 검치를 찔러 넣었는데 미처 빼내지 못한 채로 큰 먹잇감이 요동친다면, 오히려 사냥꾼의 생명을 위협하는 상황이 될 수 있다. 검치호랑이의 검치가 매우 인상적으로 보임에도 불구하고, 여러모로 사냥에 유용하지는 않았다.

검치는 양날톱처럼 가장자리를 따라 작은 돌기들로 둘려 있다. 호모테리움(단검형 검치호랑이)의 검치에는 10㎜당 21개의 톱니가 있다.[177] 이에 반해, 오늘날의 대형 고양잇과 동물의 송곳니는 매끄럽다. 육상 사냥꾼들은 돌기가 전혀 없는 매끈한 송곳니로 단단한 뼈를 가진 육상 동물을 사냥한다. 뼈를 조각낼 정도의 강한 힘으로 사냥감을

물어도, 약한 돌기 부분이 없이 매끄러운 송곳니는 깨지거나 부러지지 않고 사냥감의
몸속 깊숙이 박힐 수 있다.

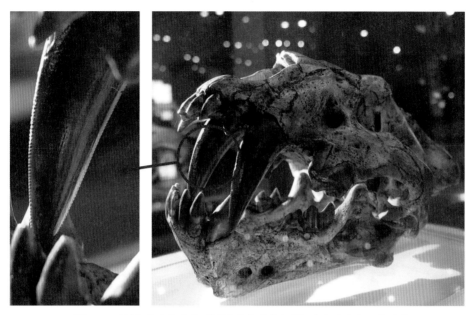

그림14-11. 검치호랑이의 검치: 양날톱처럼 가장자리를 따라 돌기가 돋아 있다.

　이빨의 테두리를 따라 톱니 모양의 돌기가 돋아 있는 육식동물이 있는데, 영화 〈죠
스〉의 주인공, 백상아리이다. 백상아리는 6.4m까지 자랄 수 있으며 체중은 3톤에 이
른다. 온몸의 뼈가 사람의 귀뼈와 같은 물렁뼈로 되어 있는 상어는 대단히 신축성이
좋은 턱을 갖고 있다. 턱을 최대한 크게 벌려 사냥감을 문 채 세차게 흔들어, 한 번 걸
려든 먹잇감에게 치명상을 입힌다. 상어의 톱날 구조는 자르는 기능을 보다 효율적으
로 수행할 수 있게 한다. 피부 속으로 들어갈 때뿐만 아니라 나올 때 한 번 더 조직을
베어 낼 수 있다. 그리고 톱날은 이빨과 먹잇감의 연부조직 사이의 접촉면적을 감소
시켜서 결과적으로 마찰력을 줄여 준다. 단, 썰어 내는 톱니가 강한 충격에는 취약하
다. 가장자리에 톱니 모양의 돌기가 돋은 납작한 이빨로 먹잇감을 덥석 물고 흔들면

이빨이 부러지게 마련이다.

　육지에 사는 동물은 몸무게를 오롯이 자신의 단단한 뼈와 근육으로 지탱하지만, 바다 동물은 굳이 그럴 필요가 없다. 물속에서 살아가는 동물은 뼈대가 약하더라도 부력 덕에 자유롭게 움직일 수 있다. 그리고 바다와 해변을 오가는 해양 포유류의 유선형 몸은 두꺼운 지방층으로 둘려 있다. 육상 포유류가 털의 도움을 받아 체온을 유지하는 반면, 해양 포유류는 털이 적거나 거의 없는 대신 표피 밑에 있는 두꺼운 지방층을 이용해 체온을 유지한다. 따라서 물고기와 해양 포유류는 백상아리의 이빨에 손상을 덜 주는 편이다. 이빨이 부러져도 백상아리에게는 아무런 거리낌이 없다. 이빨이 닳거나 부러지면 그 뒤에 있는 3~5열로 줄지어 있는 예비 이빨들이 바깥쪽으로 밀려나와 낡은 이빨을 대체한다.[178] 턱의 안쪽에서 입 속을 향해 줄지어 나 있는 이빨들은 앞줄에 가까울수록 큰 편이며, 예비 이빨들이 뒷줄 피부막 아래에 숨겨져 있다. 이렇듯 '컨베이어벨트식 이갈이'를 하면서 백상아리는 평생 동안 30,000여 개의 이빨을 사용한다. 가장자리에 톱날 같은 돌기가 있는 이빨이 바다에서 미끌거리는 유선형의 동물을 사냥하기에는 아주 좋은 도구이겠으나, 쉽게 망가지는 것을 감수해야 하는 것이다.

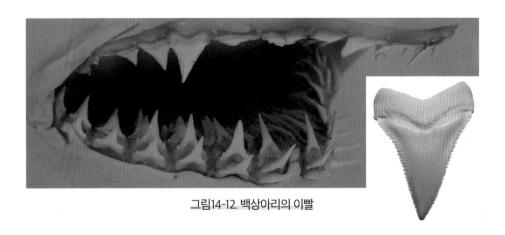

그림14-12. 백상아리의 이빨

포유동물은 평생 동안 제한된 횟수의 이갈이를 한다. 검치호랑이도 이빨을 자주 교체할 수 없었다. [그림14-13]은 스밀로돈의 검치 교체 과정이다. 양쪽 두 개의 검치는 동시에 새 것으로 바뀌었다. 새 검치가 기존의 검치 안쪽에서부터 나와 한동안 덧니처럼 두 겹을 이루었다가, 시간이 지나면서 헌 검치는 빠졌다.

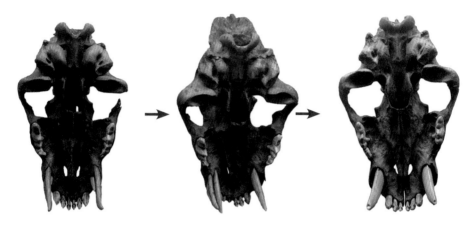

그림14-13. 스밀로돈의 검치 교체

육상 육식동물이 가장자리에 돌기가 돋은 이빨로 사냥을 한다면, 육상 동물의 강한 뼈를 물면서 상대적으로 약한 돌기 부분이 깨질 수 있다. 매끄러운 표면보다 가장자리에 톱니 모양의 작은 돌기가 있는 표면이 뼈를 가격하는 충격에 더 약하다. 이빨의 일부분이 깨지거나 금이 가면, 그 이빨은 부러지기 쉽고, 이빨이 망가지는 것은 육식동물에게 심각한 타격이다. 그런데, 검치호랑이는 검치가 망가지는 대로 이빨을 교체할 수 없다. 즉, 백상아리처럼 '컨베이어벨트식 이갈이'를 할 수 없고, 두터운 지방층 대신 육상 동물의 단단한 뼈를 물어야 하는 상황에서, 테두리를 따라 톱니 모양 돌기가 있는 납작한 형태의 이빨은 사냥에 도움은커녕 도리어 방해가 된다.

그림14-14. 스밀로돈 화석

　검치호랑이의 풍채는 대형 고양잇과 동물답게 당당하다. 단검형 검치를 가진 호모테리움의 체구는 사자와 비슷한 정도이지만 전체적인 형태는 많이 다르다. 두개골의 폭이 좁으며 목은 상대적으로 긴 편이고, 어깨의 높이가 엉덩이보다 높아, 등이 하이에나처럼 뒤쪽으로 기울어져 있다. 앞다리가 상당히 길고, 뒷다리는 짧고 억세다. 짧은 뒷다리 때문에 도약 능력이 크지 않았을 것이다. 발톱이 작은 대신에 며느리발톱은 크며, 꼬리가 짧다. 허리가 상대적으로 짧고 유연성이 떨어져서 순간적인 가속이나 빠른 속도로 단거리를 주행하기에 적합하지 않았다.[179]

　군도형 검치호랑이를 대표하는 스밀로돈은 미국 캘리포니아주, 란초 라브레아 타르 못에서 166,000점이 넘게 발견되었다. 스밀로돈은 상대적으로 짧은 다리, 그리고 강인한 골격을 갖추었고 특히 앞다리의 발달이 두드러진다. 요추가 짧은 편이고 요추 사이의 결합은 단단하다. 이런 척추 구조로는 유연성이 떨어져서 빠른 주행에 적합하지 않다.[180] 스밀로돈의 검치는 납작하면서 길다. 잇몸 밖으로 드러나는 검치의 길이가 17~18cm이고 전체 길이는 28cm에 이른다. 검치는 좌우로 납작한 형태이며 표면에 흠집이 적은 것을 볼 수 있다.[181] 앞서 살펴보았듯이, 검치가 너무 길어서 찔러 넣거나 물기 어렵다. 또한 이빨의 가장자리를 따라 돋아 있는 톱니 모양의 작은 돌기들과 길고 납작한 이빨 형태 때문에 뼈를 가격하는 정도의 강한 충격에 취약하다.

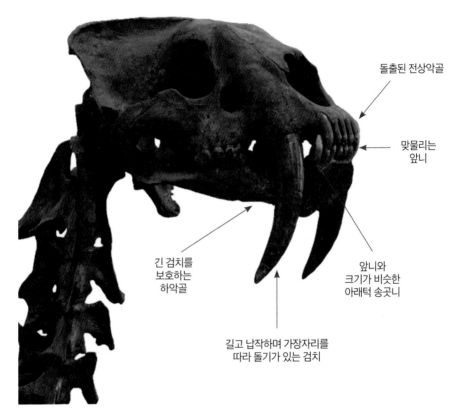

그림14-15. 검치호랑이 화석

돌출된 전상악골

맞물리는 앞니

긴 검치를 보호하는 하악골

앞니와 크기가 비슷한 아래턱 송곳니

길고 납작하며 가장자리를 따라 돌기가 있는 검치

검치 외에 다른 이빨들은 어떨까? 검치호랑이의 아래턱 송곳니는 앞니와 크기가 거의 비슷하다. 오늘날의 대형 고양잇과 동물은 크기와 굵기가 비슷한 위아래 송곳니로 동시에 사냥감을 물어 치명상을 입힌다. 하지만 검치호랑이의 아래턱 송곳니는 검치에 비해 매우 작기 때문에 찌르는 용도로 사용할 수 없다. 또한, 앞니가 앞으로 튀어나와 무는 힘을 분산시킨다. 반면, 현생 대형 고양잇과 동물의 앞니는 턱에서 거의 수직으로 나 있어 무는 힘을 상대에게 그대로 전달한다. 앞으로 돌출된 큰 앞니, 작은 아래턱 송곳니, 가장자리를 따라 돌기가 돋은 납작하고 기다란 검치를 가졌던 검치호랑이가 당당한 풍채와 위용을 보임에도 불구하고 전문적인 사냥꾼은 아니었다. 그렇다면 검치호랑이는 무엇을 어떻게 먹었을까? 두 가지 가능성이 제기된다.

첫째, 초육식성 즉, 살코기만 먹는 시체 청소부일 수 있다. 검치호랑이가 목이나 다리처럼 폭이 좁고 돌출된 부위를 공격한다면 더 치명적이고 깊은 상처를 입힐 수 있겠지만 검치가 부러지기 쉽다. 검치는 뼈를 직접 가격하는 충격이나 뒤틀림에 취약하다. 강한 앞발로 상대를 넘어뜨린 후 복부를 찌른다고 해도, 하악골 때문에 넓고 평평한 복부에 얕은 상처를 만들 수밖에 없다. 얕은 상처를 입은 동물은 충분히 움직인다. 먹잇감의 살 속에 박혀 있는 검치를 빼내기 전에 요동을 쳐서 오히려 사냥꾼이 끌려다닐 수도 있다. 하지만 몸부림이 없는 사체라면, 긴 검치에 손상을 주지 않는다. 스밀로돈의 검치는 특히 표면에 흠집이 적다. 적극적인 사냥꾼이 아니라 일종의 청소 동물로서 사체를 먹었기 때문에 이빨 골절이 적다고 해석할 수 있겠다. 기다란 검치는 주로 연부조직을 다루는 데 사용하였고, 가급적 검치가 뼈와 충돌하는 일을 피하여 검치를 보호하였을 것이다.

둘째, 초식성일 수 있다. 돌출된 전상악골(위턱의 앞쪽 부분)을 따라 앞으로 튀어나와 전체적으로 아치에 가까운 형태로 배열된 앞니는 초식동물의 앞니 배열과 유사하다. 앞으로 튀어나온 큰 앞니들은 턱을 다물 때 완전히 맞물리기 때문에 풀을 뜯어먹기에 적합하였다. 그리고 가장자리를 따라 돌기가 돋아 있는 납작한 칼 같은 송곳니는 풀을 훑을 수 있었다. 송곳니 외에 어금니에서 톱니 구조가 관찰되는 검치호랑이도 있다.[182] 현존하는 육상 동물 중에도 이빨의 가장자리에 돌기가 돋아 있는 동물이 있다. 「제2장 – 과학노트 〈2〉 이빨」에서 살펴보았듯이, 갈라파고스 제도에 서식하는 육지이구아나의 이빨에는 테두리를 따라 돌기가 돋아 있다. 육지이구아나는 대형 포유류가 없는 섬에서 과일, 꽃, 선인장을 잘라 먹으며 여유롭게 살고 있다.

기다란 이빨이 반드시 더 깊게 물기 위한 것은 아니다. 송곳니 길이만 따진다면 바다코끼리가 단연 최고이다. 조개나 연체동물을 잡아먹는 바다코끼리는 상대 수컷을 기선 제압하거나 암컷에게 더 강인하게 보일 수 있는 커다란 송곳니를 갖고 있다. 경우에 따라 긴 송곳니로 상대 수컷을 찌르기도 한다. 식물을 먹는 사향노루가 검치 형태의 송곳니를 갖고 있는 것은 매우 이채롭다. 사향노루의 길고 날카로운 송곳니도 역시 먹이와 상관되지 않는다.

검치호랑이가 살았던 시대가 반드시 사냥을 해야 할 만큼 척박하지 않아서였을까? 검치호랑이의 이빨과 턱 구조는 초식도 가능해 보인다. 하지만, 수많은 동물들을 휩쓸어 화석이 되게 한 격변이 있은 후, 환경이 급격히 바뀌었다. 척박한 환경에 놓인 동물들은 살기 위해 식성을 바꾸었고, 완벽한 사냥꾼이 되어 현재에 이르렀다.

그림14-17. 사향노루의 두개골

그림14-16. 바다코끼리

두꺼운 일련의 지층이 있을 경우에, 그 일부가 어떤 특징을 가져 다른 지층과 구별이 가능하다고 해 보자. 예를 들어 위아래로 검은 지층이 있는데 그 사이에 100m의 두께를 가진 백색의 지층이 있다면 이 지층은 쉽게 구별된다. 보통의 경우 이 지층에 그 지방의 이름이나 지층의 특징을 따서 이름 붙인다.[11] 이름 붙인 지층의 위와 아래 지층도 잘 조사하여 층명을 줄 수 있을 것이다. 이렇게 이름 붙여진 지층들의 상하 관계가 뚜렷하므로 상대적인 시간은 추리할 수 있으나 화석이 없으면 이런 지층들로부터 시대를 결정하지 못한다. 지층의 특징으로 구분 짓는 것을 '암석층서적 구분'이라고 한다.

---

11) 캄브리아기는 영국 웨일즈 지역의 지층을 조사하다가 그곳에 발달한 일련의 지층에 웨일즈의 옛 지명인 캄브리아를 붙인 것이다. 웨일즈의 두꺼운 지층은 아래로부터 캄브리아기, 오르도비스기, 실루리아기로 구분된다. 오르도비스기는 로마 제국 시절, 웨일즈에 살던 종족명이고 실루리아는 웨일즈에 살았던 고대 켈트족의 이름이다. 데본기는 영국 남부 데본셔 지역의 지층에서 조사되어 붙여졌다. 페름기는 러시아 우랄산맥 서쪽 지역에 있는 페름 시의 이름이고, 쥐라기는 알프스 북쪽 쥐라 산맥에서 유래되었다. 석탄기는 영국과 벨기에 등지에 넓게 분포하는 그 기의 지층이 석탄을 많이 함유하므로 석탄기라고 붙여졌고, 트라이아스기는 그 기의 지층이 뚜렷이 3층으로 나눌 수 있기 때문이다. 백악기는 영국과 프랑스 해안 절벽에 쌓인 흰 백악(chalk)에서 비롯되었다. 그러나 다른 지방에서는 같은 기의 지층이 반드시 같은 성질을 가지지 않는다. 우리나라에서는 석탄기 지층에 석탄층이 거의 들어 있지 않고 백악기의 지층이 백악으로 되어 있지 않다.

그림14-18. 지층

　지층 속에 화석이 포함되어 있으면, 지층은 지질시대별로 구분된다. 삼엽충 화석이 나오는 지층은 고생대, 공룡 화석이 발견된 지층은 중생대, 사슴 화석이 있으면 신생대가 되는 식이다. 화석으로 지층을 구분하는 것을 '시간층서적 구분'이라고 한다. 지질시대별로 화석을 나열하면 다음 표와 같다.

위 ⇧ 아 래	신생대	제4기	박쥐, 말, 고래 등 다양한 포유류, 조류, 나비, 속씨식물, 꽃, 풀
		신제3기	
		고제3기	
	중생대	백악기	공룡(티라노사우루스, 티타노사우루스, 하드로사우루스, 트리케라톱스), 조류, 프테라노돈, 포유류(단공목, 유대목), 꿀벌, 말벌, 딱정벌레목, 악어, 거북(몸길이 4m), 모사사우루스, 상어, 조기어류, 암모나이트, 이매패류, 성게, 해면, 속씨식물
		쥐라기	용각류, 알로사우루스, 스테고사우루스, 작은 포유류, 조류, 도마뱀, 벌, 모기, 흰개미, 풀잠자리목 등 약 1,000여 종의 곤충, 이크티오사우루스, 플레시오사우루스, 이매패류, 암모나이트, 벨렘나이트, 성게, 바다나리, 불가사리, 해면, 완족동물, 겉씨식물(구과식물, 베네딕트목, 소철류), 양치식물
		트라이아스기	키노돈트(수궁류), 공룡, 포유류(턱뼈 화석), 익룡, 악어, 양서류, 벌목, 대벌레목, 노린재목, 암모나이트, 어룡, 노토사우루스류
	고생대	페름기	단궁류, 파충류, 양서류, 메뚜기목, 바퀴벌레목, 딱정벌레목, 파리목, 진딧물아목, 어류, 완족동물, 이매패류, 유공충, 암모나이트, 속씨식물
		석탄기	파충류, 양서류, 메가네우라(최대 75㎝), 바다전갈, 리조돈트, 연골어류, 삼엽충, 암모나이트, 완족동물, 이매패류, 바다나리, 산호, 양치식물, 나무
		데본기	삼엽충, 완족동물, 산호, 암모나이트, 폐어, 상어, 갑주어, 실러캔스, 경골어류, 양서류, 전갈, 곤충, 거미, 석송, 쇠뜨기, 겉씨식물, 나무
		실루리아기	삼엽충, 완족동물, 바다나리, 바다전갈(최대 3m), 갑주어, 노래기, 아르트로폴레우라(최대 2m), 작은 식물의 잎새와 줄기
		오르도비스기	삼엽충, 산호, 완족동물(정형패각류, 스트로포메나류), 이매패류, 거대한 앵무조개 두족류, 패충류, 극피동물(바다나리류, 바다능금류, 불가사리류), 가지 모양의 필석류, 유배식물, 균류
		캄브리아기	삼엽충(절지동물), 완족동물, 해면, 아노말로칼리스

러시아, 우랄 산맥 지역은 철, 구리, 아연, 우라늄뿐 아니라 석유와 천연가스도 풍부하다. 우랄 산맥의 서쪽 가장자리에 있는 페름 시 주변의 구리사암에서 여러 종류

의 양서류와 파충류 그리고 **단궁류**[12] 화석이 다량 나왔다. 구리를 함유한 일부 모래, 이회토, 석회암 같은 퇴적물로 특징지어진 이 지층을 특별히 도시의 이름을 따서, 페름기라고 한다.

고생대 페름기 지층에서 다량 쏟아져 나온 단궁류 중에는 탱크처럼 덩치가 큰 디노케팔리아와 커다란 칼니 모양의 송곳니가 달리고 늑대만큼 덩치가 큰 고르고놉스, 그리고 입부리는 있으나 거대한 송곳니 외에 다른 이빨이 없고 하마만 한 덩치의 디키노톤트 등 수궁류라고 불리는 다양한 화석 동물들이 있다.

수궁류의 네 다리는 몸통 아래로 달려 있어서 다리를 편 자세로 걸었다. 머리뼈 옆면에 있는 측두창이 커서 턱 근육이 발달할 수 있었고, 따라서 강하게 물거나 씹는 것이 가능했다. 머리뼈에서 입천장을 살펴보면 2차구개를 볼 수 있다. 포유류에게는 2차구개가 있어서 숨쉬기와 먹기를 동시에 할 수 있는데, 파충류(단, 악어는 제외)는 하지 못한다. 파충류는 물질대사가 느리기 때문에, 커다란 먹이를 삼키는 사이 오랫동안 숨을 참을 수 있다. 수궁류도 포유류처럼 먹으면서 숨을 쉴 수 있는 활동적인 동물이었다.

모든 현생 포유류와 조류가 항온동물로서 전자에게는 털이 있고 후자에게는 깃털이 있으며, 마찬가지로 모든 현생 파충류가 변온동물로서 털도 깃털도 없다. 포유류를 닮은 수궁류도 털이 있었을까? 중생대 트라이아스기 지층에서 나온 수궁류 화석의 주둥이 부위에서 작은 신경구멍이 많이 나 있는 것을 관찰할 수 있다.[183] 이는 수궁류에게 수염이 있었음을 의미하며 오늘날의 포유류처럼 감각 기관의 구실을 했을 것이다. 수염이 있다면 체모도 있었을 것이다. 대변 화석에서 털의 흔적이 발견되면서 최근 등장한 복원도에서는 털이 있는 포유류와 유사한 형태로 그려진다.

러시아, 남아프리카, 남아메리카에서 엄청난 숫자의 수궁류 뼈가 발견되었음에도 이 암석들에서 화석란이나 둥지는 결코 발견된 적이 없다.[184] 수궁류가 포유류와 같이

---

12) **단궁류**: 「제2장 – 과학노트 〈3〉 측두창」참조

태생이었음을 유추할 수 있는 대목이다. 즉 현생 포유류 중에 수궁류와 비견될 비슷한 종류가 없을 뿐, 수궁류는 포유류와 다름없다.

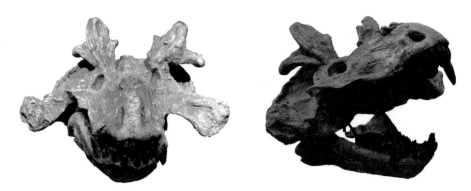

▲ 에스템메노수쿠스 두개골

그림14-19. 에스템메노수쿠스 화석

엄청난 부피를 자랑하는 디노케팔리아는 탱크처럼 만들어진 덩치 큰 짐승이었는데, 일부 과시적인 머리뼈는 사슴뿔을 닮은 이상한 옹이로 폭발하는 듯 보인다. 이들의 머리는 몸집에 비해 커서 '무시무시한 머리(디노케팔리아)'라는 뜻의 이름을 얻었다. [그림14-19]는 디노케팔리아 중에 하나인 에스템메노수쿠스 화석이다. 네 개의 큰 돌기가 머리를 두르고 있어 마치 왕관을 쓴 것처럼 보인다. 앞다리와 꼬리는 비교적 짧고, 전체 몸길이가 3m에 달하며 머리도 크다. 가슴뼈와 어깨뼈, 위팔뼈가 특히 크게 발달하여 무거운 머리를 지탱하면서 상반신을 들고 다닐 수 있었다. 뒷다리는 포유류처럼 똑바로 서 있었던 반면, 무거운 머리를 지탱하는 앞다리는 바깥쪽으로 굽었다. 이 동물의 화석과 함께 피부흔적 화석이 발견되었는데, 비늘을 가지지 않았으며 현생 포유류처럼 피부를 가졌을 가능성을 보여 준다. 왕관 모양의 돌기가 인상적이지만 그보다 독특한 것은 이빨이다. 에스템메노수쿠스의 이빨은 포유류 이빨처럼 분화되어 있다. 턱을 벌리고 있는 두개골 화석[그림14-19]을 보면, 턱 앞으로 튀어나온 커다란 앞니와 큰 송곳니 그리고 가느다란 어금니가 눈에 띈다. 가느다란 어금니들은 턱 앞쪽을 향해 V자형으로 배열되어 있다. 길고 단단한 앞니로 부드러운 수생식물을 뜯어 먹으면, V자형으로 촘촘히 배열된 가느다란 어금니가 더 잘게 자르며 음식물이 흘러나가지 않도록 했을 것이다.

다른 수궁류 화석들도 턱의 부위에 따라 이빨 형태가 다르다. 비아르모노수쿠스[그림14-20]는 끝이 뾰족한 작은 앞니, 길게 휘어진 송곳니 그리고 그 뒤에 끝이 뾰족한 여러 개의 어금니가 있다. 날씬한 체형으로 전체적인 생김새는 개와 무척 비슷하게 보인다.

그림14-20. 비아르모노수쿠스 화석

고르고놉스는 우람하고 어딘가 늑대를 닮았다. 머리뼈가 거대한 스테이플러 심제 거기처럼 생겼고 송곳니가 티렉스의 이빨보다 더 길었다. 앞니와 송곳니 및 송곳니 이후의 이빨이 확연히 구분된다. [그림14-21]은 고르고놉스 중에 크기가 작은 리카이놉스 화석이다. 리카이놉스도 늑대를 닮은 커다란 머리뼈, 큰 송곳니와 씹기 좋은 턱, 그리고 곧추선 자세의 활동적인 탄탄한 몸을 가졌다.

그림14-21. 리카이놉스 화석

비아트코고르곤은 길게 휜 송곳니와 작은 앞니 그리고 어금니를 가졌고 특히 광대 뼈가 발달하였다. [그림14-22]를 보면, 한여름 더위에 지친 개가 다리를 쭉 펴고 누워 있는 듯하다.

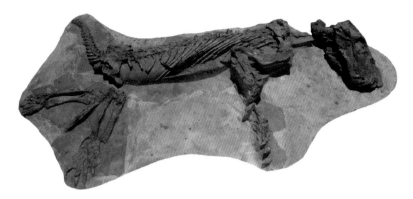

그림14-22. 비아트코고르곤 화석

　몸통 아래로 다리를 뻗은 고생대 페름기의 수궁류는 분화된 이빨로 먹이를 자르고 씹어서 먹을 수 있었으며 털과 수염을 가진 포유류이다. 시간층서적 구분에 의하면, 쥐 크기의 소형 포유류 화석이 공룡들과 함께 중생대 지층에서 발견되고, 개 크기 이상의 중형 및 대형 포유류는 신생대 지층에서 나와야 한다. 하지만 늑대와 하마, 소 크기의 포유류인 수궁류가 공룡 화석보다 더 아래 지층인 고생대 페름기에서 대량 발견된다.

　최근 들어, 반수생 포유동물의 화석이 중생대 지층에서도 나온다. 2006년 몽골 다오후고우의 중생대 쥐라기 지층에서 오리너구리와 수달, 비버의 특징을 섞어 놓은 반수생 포유류 카스토로카우다가 발견되었다.[185] 몸길이 50㎝, 몸무게가 약 0.8㎏인 이 동물은 20㎝의 평평하고 비늘이 있는 꼬리와 물갈퀴가 달린 발, 그리고 물개 같은 이빨을 가지고 있다.

　공룡 화석이 들어 있는 지층보다 더 아래 지층에 덩치 큰 포유류 화석이 있고, 공룡 화석과 반수생 포유동물 화석이 같은 지층에 있으며, 「제11장—과학노트 〈12〉 공룡 발자국 화석」에서 살펴보았듯이 공룡 발자국과 함께 물새의 발자국 화석이 찍혀 있다. 공룡과 새와 포유류가 공존했다. 즉, 지층은 시간층서적으로, 지질시대별로 구분할 수 없다. 동물들 간에 서식지가 다르거나 활동성 정도에 따라 퇴적물류에 휩쓸린 공간적 차이가 있을 뿐, 시대를 뛰어넘는 시간적 차이는 없는 것이다.

흔히 중생대를 '파충류의 시대'라고 한다. 육지에는 공룡(무섭도록 거대한 파충류), 바다에는 어룡(물고기 파충류)과 수장룡(목이 긴 파충류), 하늘에는 익룡(날개 달린 파충류)이 군림했으리라 본다. 그런데 공룡은 파충류가 아니다. 공룡은 다리를 몸 아래로 똑바로 뻗은 반듯한 자세로 많은 에너지를 쓰며, 에너지를 많이 쓰는 만큼 충분히 먹고 활동적으로 살았다. 쥐돌고래처럼 생겨서 머리 꼭대기에 있는 숨구멍으로 숨 쉬며 새끼를 낳고 기르는 어룡도 파충류가 아니다. 새처럼 하늘을 나는 항온동물인 익룡은 애초에 파충류일 수 없다. 도마뱀, 악어, 거북, 뱀 등의 파충류는 느린 물질대사를 가진 변온동물이고, 털이 없는 비늘피부를 이용해 심부체온을 높이며, 다리가 없거나 몸통 옆으로 난 다리로 땅바닥에 거의 달라붙어 살아간다. 공룡이 파충류와 닮은 점은 이궁류라는 것이다. 둘 다 두개골 양 측면에 있는 측두창의 개수가 2개다. 이것은 이들이 턱 근육을 많이 쓰지 않기 때문이다. 물질대사가 느린 파충류는 적게 먹기 때문에 턱 근육이 발달하지 않았고, 공룡은 한꺼번에 쉽게 먹을 수 있는 이빨과 턱 구조 덕분에 포유류처럼 턱 근육을 발달시킬 필요가 없었다.

다양한 지층에 누인 공룡, 어룡, 수장룡, 익룡, 그리고 수궁류는 현재 살아 있는 동물들과 너무나 다른 독특한 화석 동물이다. 이들은 몸집 면에서 압도적으로 크고 길거나, 외모에 있어서 특출난 뿔과 이빨, 장식들을 지니고 있었다. 이들의 체형은 활동적이며 그만큼 많은 양의 음식물이 필요했다. 멸종된 화석 동물들은 오늘날의 생태계가 감당할 수 없을 만큼, 생물종 다양성이 풍부했음을 실증한다.

북극권의 가장자리에서 스밀로돈(검치호랑이), 낙타, 말, 코뿔소, 당나귀, 거대한 뿔을 가진 사슴, 사자, 족제비, 사이가(양) 등 헤아릴 수 없을 정도로 많은 동물들의 유체가 동결된 채 발견되었다.[186] 수많은 동물들이 퇴적물류에 휩쓸려 죽은 후 얼마 지나지 않아 그대로 냉동되었다. 냉동된 유체에는 아직도 살이 붙어 있고, 매머드의 상아는 놀랄 만큼 거의 완벽한 상태를 유지하고 있다. 고스란히 얼어 있는 매머드의 살과 뼈는 굶주린 야생 동물들의 먹이가 되기도 한다.[187]

2007년, 시베리아 서북단에 위치한 야말 반도에서 약 50kg의 아기 매머드가 발견되었다. 생후 1개월 정도로 추정되는 아기 매머드의 위에는 모유의 흔적이 남아 있고, 침전물이 입과 코, 목구멍을 막았다. 어미 곁에서 모유를 빨던 어린 매머드가 퇴적물류에 묻혀 질식사한 것이다.

알래스카의 얼어붙은 검은 진흙은 매우 고운 암회색의 모래와 같다. 이곳에 들소, 말, 이리, 곰, 사자 등의 변형된 유체와 나무의 일부가 얼음 덩어리와 토탄과 이끼층에 섞여 있었다.[188] 검은 진흙 속에서 동물들의 유체를 발굴한 탐험가는 발견 당시의 모습을 다음과 같이 기술하였다.

"매머드와 들소가 찢겨지고 뒤틀려 있었다. … 어느 곳에는 매머드의 앞다리와 어깨가 있다. 근육과 발톱과 털이 아직 붙어 있는 거메진 뼈 근처에는 들소

그림15-1. 동결된 아기 매머드

의 목과 두개골이 있다. 척추에는 인대와 힘줄이 붙어 있다. 뿔을 덮고 있는 키틴질도 보존되어 있다. 칼을 비롯한 예리한 물건을 사용한 흔적은 전혀 없다. (즉, 인간이 관계되었다는 흔적이 없다.) 동물들은 단순히 찢겨져서 짚이나 끈에 묶인 것처럼 한곳에 날려 온 것이다. 그러나 동물들의 무게는 몇 톤이나 된다. 뼈가 산처럼 쌓여 있는 곳에는 나무도 있는데 뒤틀리고 부러진 채 뼈와 서로 뒤엉켜 있다. 이것들 위에 검은 진흙이 덮이고 얼어붙었다."[189]

그림15-2. 매머드의 털과 살점

뉴시베리아 제도를 조사했던 기록도 알래스카의 상황과 유사하다.

"사브로 모양의 송곳니를 가진 호랑이(검치호랑이)와 세워 놓으면 27m나 되는 과일 나무를 발견했다. 나무는 열매와 뿌리가 달린 채 영구 동토층에 양호한 상태로 보존되어 있었다. 가지에는 푸른 잎과 잘 익은 과일이 달려 있었다. … 매머드는 극심한 추위 속에서 대량으로 갑자기 죽었다. 죽음이 너무나 갑작스러웠기 때문에 음식물이 소화될 시간이 없었다. 풀, 초롱꽃, 미나리아재비, 부드러운 사초, 야생콩이 몸속에서 발견되었는데 식도와 위에 원래의 모습으로 남아 있었다."[190]

캐나다 북극, 엘즈미어 섬의 피오르 정상 부근에서 바위 무리 가운데 뼛조각이 발견되었는데, 이 조각들 중에 악어의 뼈가 있었다.[191] 악어는 따뜻한 기후에서만 사는 파충류이다. 그 밖의 다른 뼈들도 아열대 동물의 것으로, 따뜻한 물에 사는 바다거북 3종, 민물거북 1종, 포유류 몇 종이었다.[192]

푸른 잎과 잘 익은 과일이 달린 27m 높이의 과일나무가 차디찬 기후에서 자랄 수 없다. 퇴적된 상태로 얼어 버린 동물들은 추운 지역에서 살았던 동물이 아니다. 무더기로 쌓여 냉동된 동식물은 풍요로운 땅의 소산이다. 한때 아열대의 온난한 기후와 울창한 숲에서 다양한 동물들이 번성했다. 격변적인 홍수와 사태가 동식물을 덮었고 파괴적인 빙결이 무서운 기세로 발생하면서, 퇴적물류에 묻힌 동식물은 땅과 함께 그대로 얼어붙었다.

과학노트 〈17〉
극지 공룡

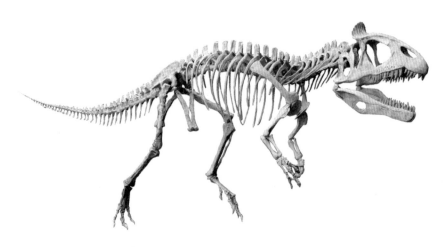

그림15-3. 크리올로포사우루스 화석

남극 대륙의 99%는 사시사철 얼음으로 덮여 있으며, 지구 전체 빙하 면적의 86%, 부피의 90%가 남극에 집중되어 있다. 얼음의 평균 두께가 2,160m이고, 가장 두꺼운 곳은 4,800m에 이른다. 남극점의 연평균 기온은 영하 50℃인데, 한겨울이면 영하 80℃ 이하로 내려간다. 남극 대륙은 이처럼 생물이 살아가기 힘든 혹한의 땅이다. 그럼에도 남극 곳곳에서 종자고사리, 삼엽충, 암모나이트, 딱정벌레, 공룡 등 동식물 화석을 심심찮게 발견할 수 있다.[193] 안킬로사우루스류, 하드로사우루스류, 힙실로포돈을 비롯해 여러 종류의 공룡 파편 화석을 발견하였고, 1990년대 남극횡단산맥에서 캐낸 크리올로포사우루스는 그중 가장 인상적인 공룡 표본이다. 이족보행을 하는 크리올로포사우루스는 몸길이가 6.5m 정도이고, 여느 이족보행 공룡들처럼 두개골이 길고 갸름하다. 좁은 두개골의 양쪽 옆면, 서로 반대편에 두 눈이 위치하여 쌍안시가 발달하지 못하였다. 크리올로포사우루스는 특이하게도 눈이 있는 바로 위쪽 머리에 20㎝가량의 볏을 달고 있다. 독특한 볏은 앞을 향해 약간 굽어 있고, 장식용 평행선이 뚜렷하여 마치 조개껍데기를 쓰고 있는 것처럼 보인다.

　남극뿐만 아니라 북극지방에서도 공룡 화석을 찾을 수 있다. 알래스카에 공룡 발자국이 찍혀 있고[194], 북아메리카의 툰드라 지역에서 파키리노사우루스가 발견되었다.[195] 파키리노사우루스는 2m나 되는 무거운 머리에, 눈위뿔과 코뿔이 없는 대신 화려한 깃장식을 가진 뿔공룡이다. 턱의 안쪽에 여러 줄을 이루는 수백 개의 이빨이 가윗날처럼 서로 맞물리며 많은 양의 식물을 분쇄할 수 있었다.

　50개체 이상이 발견된 플라테오사우루스는 대부분 독일의 분지 퇴적층에 묻혀 있었지만, 빙하로 덮인 그린란드의 암석층과 북해 밑바닥 속에서도 건져 올려졌다.[196] 「제2장 공룡의 이빨」에서 살펴보았듯이, 플라테오사우루스는 몸길이 8m의 사족보행 공룡으로 이족보행도 가능했다. 뒷다리만으로 몸을 세우고 긴 앞다리와 낫과 같은 앞발톱을 이용해 나뭇가지를 손쉽게 끌어당길 수 있었다. 몸길이에 비해 두개골이 매우 작고 턱에 심겨진 이빨도 작다. 빼곡하게 나 있는 작고 납작한 이빨의 가장자리를 따라 거친 톱니 모양의 돌기가 발달하여 많은 양의 식물을 잘게 썰 수 있었다.

　크리올로포사우루스, 파키리노사우루스, 플라테오사우루스도 앞서 살펴본 동토층에 묻힌 수많은 동물들처럼 추위에 적응한 동물이 아니다. 이 거대한 공룡들은 영양분이 충분한 식물을 쓸어 담듯 먹을 수 있는 풍족한 환경에서 서식하였다. 하지만, 공룡과 여러 동물들이 풍요롭게 살았던 땅이 지금은 얼음으로 덮여 있다.

제16장 화석연료

화석이 그 존재로서 보여 주듯, 바다 생물은 화산 활동으로 들끓는 상황에서 위로부터 덮치는 사태에 묻혔다. 그리고 땅 위의 생물들은 퇴적물류에 휩쓸려 퇴적되었다. 퇴적물로 두꺼워진 지각이 내려앉으며, 사체들도 지하 깊이 묻혔다. 침강하는 암석판에 퇴적물과 함께 묻힌 사체들은 지하로 더 깊이 내려갔다. 지하는 100m 깊어질 때마다 3~5℃의 비율로 온도가 상승한다. 압력 또한 깊이에 따라 평균 4.4m당 1기압씩 증가한다.[197] 4㎞ 깊이에 매몰된 퇴적물은 120℃ 또는 그 이상의 온도에 도달하며, 강한 압력에 의해 압축되었다. 열을 받은 다량의 사체들(유기물)은 서로 결합해 복잡한 화합물이 되었다. 이러한 화합물을 '케로겐'이라고 한다. 더 깊이 파묻히면 반대로 열에 의해 케로겐이 분해되어 물, 이산화탄소와 함께 탄화수소가 된다. 가장 간단한 탄화수소는 천연가스라 불리는 메탄가스이다. 그리고 정제하지 않은 석유(원유)는 보다 복잡한 탄화수소로 이루어진 다양한 등급의 액체를 포함한다.

석유와 천연가스가 경제성과 채굴 가치를 가지기 위해서는 어디에선가 모여 있어야 한다. 석유가 고일 수 있는 퇴적층이 분포하는 공간을 퇴적분지라 한다. 퇴적분지 내에서 대규모 석유가 형성되기 위해서는 다음과 같은 조건이 모두 갖추어져야 한다.

1. 석유를 생성할 수 있는 근원암이 필요하다. 근원암은 대체로 세립질의 이암이나 탄산염암으로서 다량의 유기물(케로겐)을 포함한다. 적절한 깊이로 근원암층이 매몰되려면 상부에 상당한 두께의 퇴적층이 연속해서 누적되어야 한다. 근원암은 원유나 가스를 생성시킬 수 있는 온도 이상으로 충분하게 열이 가해져야 유기

물이 열적으로 성숙되어 석유를 생성하고 이동시킬 수 있다.

2. 석유를 저장하기 위해 저류암이 있어야 한다. 저류암은 **공극률**[13]이 높고 투수성이 좋은 사암이나 석회암, 역암으로 구성된다. 근원암층 내의 케로겐이 석유나 천연가스로 전환되면, 석유가 미세한 근원암 내 공극을 뚫고 모세관압의 영향을 받으며 이동한다. 이렇게 이동한 탄화수소가 주변의 공극률이 높은 퇴적암층에 모여 있다가 큰 입자간 공극을 통해 상부의 **배사**[14]나 저류암층으로 이동한다.

3. 덮개암이나 모암이 존재해야 한다. 이들은 저류암으로부터 석유가 위, 옆으로 빠져나가지 못하도록 공극률이 낮아야 한다. 보통 이암, 증발암, 탄산염암으로 구성되며 불투수성이다.

4. 근원암, 저류암, 덮개암의 순으로 비중이 낮은 원유나 천연가스가 갇힐 수 있는 배사구조가 형성되어 석유를 붙잡아 둘 수 있어야 한다. 근원암에서 형성된 석유는 주위가 습곡, 단층과 같은 구조 내에서 밀폐되거나 투수율 차이를 갖는 층서 분포에 의해 형성된 배사구조로 이동해 그곳에 집적된다.

사우디아라비아의 가와르 유전은 이 모든 조건들을 고루 충족하는 세계 최대 유전이다. 유기물이 풍부한 이암과 투과성이 아주 좋은 석회입자암이 근원암과 저장 공간을 형성하고, 투과성이 없는 암염이 둘을 꽉 막아 주는 덮개 역할을 한다.[198] 가와르 유전 전체는 석유 형성에 딱 알맞은 깊이에서 뒤집힌 U자형 모양을 이루고 있다.

지하에서 끌어올린 원유에는 물, 모래 등 다양한 불순물이 들어 있다. 우선 수분 및 염분을 비롯해 기타 미세한 고체(모래입자 등)들을 분리한다. 이후 정유시설로 이송되어 온 원유는 증류, 크래킹, 개질 과정을 거쳐 가솔린, 디젤유, 난방유와 같은 에너지원 또는 화학원료가 된다. 전 세계에서 생산되는 원유의 7~8%가 화학원료로 쓰인

---

13) **공극률:** 암석, 퇴적물 또는 토양 내의 입자들 사이의 공간을 공극이라고 한다. 공극률(%)은 토양이나 암석의 전체 부피에 대한 공극의 부피 비율이다. 일반적으로 입자의 크기가 작고 고를수록 공극률도 커진다.

14) **배사:** 지층이 지표면을 향하여 활 모양처럼 휘어 있는 구조

다. 오늘날 유기화합물의 약 95%는 석유와 천연가스를 원료로 만들어진 것이다.

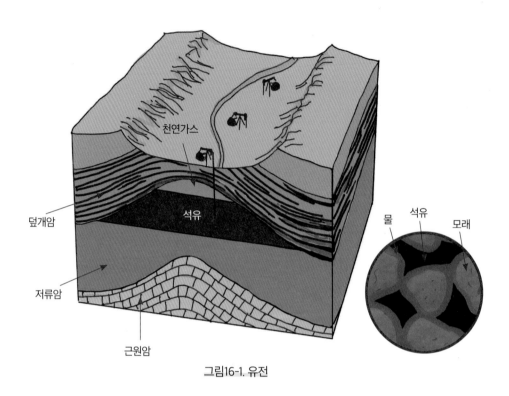

그림16-1. 유전

　유기화합물로 이루어진 합성수지는 거의 모든 제품에 들어 있다. 예를 들면, 아침에 일어나서 바라보는 시계의 몸체는 합성수지이다. 욕실에 들어가면서 플라스틱 슬리퍼를 신고, 플라스틱 칫솔로 양치질을 한다. 그리고 플라스틱 통에서 샴푸를 덜어내 머리를 감은 후 헤어드라이어로 말린다. 이때 매번 합성수지를 손에 잡은 셈이다. 우유팩의 안쪽 막, 라면봉지, 생수통도 역시 합성수지 제품이다. 우리가 입는 옷의 전체 또는 일부도 합성섬유이다. 신발 밑창도 대부분 합성수지이다. 책상, 의자, 컴퓨터 본체, 휴대폰 케이스, 볼펜, 장난감, 운동 기구, 자동차 부품, 일회용 주사기… 우리의 손이 닿는 대부분의 제품이 석유에서 온 것들이다.

　다양한 석유 관련 제품의 개발과 산업화, 에너지원으로 석유 수요는 꾸준히 증가하였다. 1945년에는 석유의 일일소비량이 600만 **배럴**[15]이었던 것이, 1960년에는 2,100만 배럴로 늘어났다.[199] 2004년 통계로 하루에 뽑아내는 원유의 양은 8,400만 배럴에 이른다. 8,400만 배럴, 약 134억 ℓ 는 전 세계 인구 70억 명이 1.8 ℓ 씩 석유를 나눠 든 양이다. 화석연료 고갈에 대한 대책이 강구되는 한편, 여전히 현재의 소비량을 충족시키는 원유가 세계 곳곳에서 끌어올려지고 있다. 침강하는 암석판에 퇴적물과 함께 묻힌 수많은 동물들의 사체가 이처럼 많은 원유를 이룬 것이다.

---

15) 1배럴은 158.98ℓ이다.

석탄

그리스어로 '혀'를 뜻하는 글로소프테리스는 온난한 기후에서 번성했던 식물 화석이다. [그림16-2]에서 볼 수 있듯, 글로소프테리스 잎은 혓바닥 모양이며 뚜렷한 중앙맥이 있고 중앙맥에서 갈라져 나온 측맥들이 그물 모양을 이룬다. 잎의 길이는 보통 10㎝ 내외이지만 30㎝가 넘는 것도 있다. 글로소프테리스 화석은 남극, 아르헨티나, 오스트레일리아, 볼리비아, 보츠와나, 브라질, 중국, 콩고, 포클랜드 제도, 인도, 마다가스카르, 모잠비크, 오만, 파키스탄, 파푸아뉴기니, 러시아, 남아프리카, 탄자니아, 터키, 우간다, 우루과이, 잠비아, 그리고 짐바브웨에서 산출된다. 오늘날 브라질, 인도, 오스트레일리아, 남아프리카, 남극에는 글로소프테리스가 쌓여서 형성된 석탄층이 분포한다. 석탄층이 있을 정도로, 한때 남극을 포함한 드넓은 대륙에 글로소프테리스가 번성하였고 온난한 기후대가 조성되었다.

그림16-2.
글로소프테리스 화석

식물이 생장하다가 죽으면 분해된다. 그러나 물속에 가라앉아 퇴적층 사이의 산소가 없는 곳에서 분해되면 최초의 탄화물인 이탄이 되고, 여기서 더 높은 압력과 열을 받아 탄화되면 석탄이 된다. 그래서 현미경으로 들여다본 석탄에서 종종 식물의 잎, 목질부 등의 식물체 구조를 발견할 수 있다. 석탄은 탄화 정도와 불순물의 함량에 따라 토탄, 갈탄, 역청탄, 무연탄으로 나누어진다. 보통 이탄과 토탄은 석탄에 넣지 않으며, 식물이 부패하면서 생긴 유황성분과 회분(진흙)의 함량이 석탄의 품질을 결정한다.

▲토탄　　　　　▲갈탄　　　　　▲역청탄

그림16-3. 탄화

◀무연탄

　태백 탄광의 경우, 지하 800m 이하의 갱도에서 붕괴 위험을 무릅쓰고 석탄을 채굴했지만, 7억 톤의 매장량을 보유한 몽골 노천석탄광은 맨땅을 20m만 파헤치면 된다. 몽골 울란바토르 남쪽 540㎞ 지점에는 단일 매장량으로 현재까지 세계 최대 매장량을 기록하고 있는 타반 톨고이 탄광이 있다. 타반 톨고이 탄광의 석탄 매장량은 무려 65억 톤에 이른다. 중국, 미국, 러시아, 독일의 석탄 전체 매장량은 7조 6천억 톤이며, 채광 가능한 매장량이 1조 6천억 톤이다.[200] 세계적으로 연간 45억~50억 톤 정도의 석탄을 채굴하고 있다.[201]

　오늘날 볼 수 있는 상당히 큰 탄전은 엄청난 양의 식물체가 쌓인 곳이다. 수많은 식물이 수장되고 묻혀 검은 돌 산지를 이루었다. 전 지구적인 대격변으로, 땅을 수놓았던 울창한 숲이 퇴적물류에 휩쓸렸다. 막대한 식물의 무게에 퇴적물의 무게가 더해져, 매몰된 식물들은 높은 압력과 열을 받았다. 이 과정에서 식물을 구성하는 성분 중 수소, 산소, 질소 등은 빠져나가고 주로 탄소만 남아 단단한 검은 돌이 된 것이다.

대륙붕과 대륙사면

그림16-4. 수심 900m 지점을 따라
남아메리카와 아프리카를 붙여서 그린 지도

대서양은 해안선과 나란한 **중앙해령**[16]에 의해 세로로 거의 동일하게 양분되어 있다. 대륙이 갈라져 수천만~수억 년 동안 이동했다면 제멋대로 찌그러져 있는 것이

---

16) **중앙해령:** 해령은 바다 밑에 있는 산맥처럼 생긴 지형으로, 보통 대양의 중앙부를 따라 길게 이어진다. 그 폭이 1,000~3,000㎞이고, 심해저 평원 위에 2~3㎞ 솟아올라 있다. 해령의 총길이는 80,000㎞가 넘으며 지구 표면의 20%보다 더 넓은 지역을 망라하는 지구의 가장 큰 산맥을 이룬다.

자연스럽겠지만, [그림16-4]에서 볼 수 있듯, 대서양 양쪽 해안선의 윤곽은 잘 들어맞는다. 남아메리카 대륙과 아프리카 대륙의 연결 부위를 해안선이 아니라 수심 900m 지점을 따라 맞추면 더 정확히 두 대륙이 서로 하나로 붙어 있던 대륙임을 알 수 있다.

그림16-5. 대륙의 맞춤

남아메리카와 아프리카뿐만 아니라, [그림16-5]처럼 현재의 대륙들을 수심 200m의 등고선을 따라 이어 붙이면 거대한 초대륙의 일부가 만들어진다. 잘려진 대륙들의 가장자리는 해수면 아래에 있다. 대륙 중에 물에 잠겨 있는 부분을 대륙붕이라고 한다. 대륙붕은 거의 평평하며, 대체로 수심 200m 정도이다. 이렇게 일정한 수심은 이곳이 바다에 잠긴 평평한 대륙의 외부 가장자리이기 때문이다. 눈에 보이는 해안선 밑으로 대륙지각이 멀리 뻗어나가 있다.

전 세계 바다의 8%를 차지하고 있는 대륙붕은 수심이 얕은 서식지로, 동물과 식물이 모여 살기에 이상적인 곳이다.[202] 대륙붕의 깊이는 해안으로부터 대륙붕의 가장자리인 수심 200m 깊이까지 평균 경사각 약 0.1°로 점차적으로 증가한다. 폭은 천차만별이다. 남아메리카의 태평양 가장자리에는 폭이 1km밖에 안 되는 짧은 대륙붕이 있다.[203] 이곳에서 대부분의 대륙 주변부가 짓눌려 안데스 산맥을 형성하였다. 경우에 따라 매우 넓은 대륙붕도 나타난다. 캐나다 남동해안의 대륙붕은 너비가 약 500km이며, 시베리아의 대륙붕은 약 750km까지 뻗어 있다.

대륙이 갈라지고 동식물이 매장되는 격변의 상황에서, 퇴적물류가 낮은 지대로 흘러들어 대량의 퇴적물을 대륙의 끝자락에 쌓아올렸다. 대륙에서 막대한 양의 퇴적물이 흘러들고, 계속되는 퇴적으로 퇴적물의 무게에 의해 지각이 눌려졌다. 지속적인 퇴적물 공급과 침강의 결과로 퇴적물은 두께 10km 이상 차곡차곡 쌓이게 되었다.[204] 그리고 대륙의 가장자리가 늘어난 무게 때문에 지각 평형에 맞춰 가라앉았다.[205] 이것은 대륙붕이 약간 해수면 아래에 있도록 만들었다. 퇴적물 공급과 지각의 침강으로 퇴적물 내의 사체들은 고압과 열에 의해 변형되어 석유가 되었다. 세계에서 가장 석유가 많이 저장된 몇몇 곳으로 영국과 스칸디나비아 사이의 북해, 멕시코 만, 캐나다 서쪽과 알래스카 북쪽 해안인 보퍼트 해의 대륙붕 등이 있다.[206] 석유회사들은 이런 외해 저장고를 탐사하고 개발하였다.

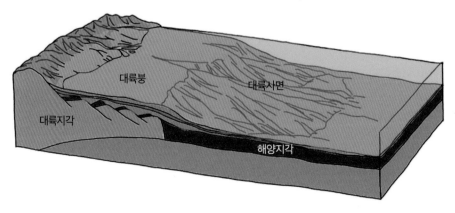

그림16-6. 대륙붕과 대륙사면

대륙의 가장자리는 대륙붕의 끝자락, 바로 대륙사면이다. 화강암질 대륙지각과 현무암질 해양지각의 경계가 되는 대륙사면은 수심 200m에서 수심 5㎞까지 가파르게 뻗어 있다. 대부분의 대륙사면은 육지에서 유입된 퇴적물이나 수없이 많은 동물과 식물의 사체로 덮여 있다.[207] 대륙사면에는 깊은 계곡이 있으며, 많은 계곡이 육지에서 유입된 퇴적물의 침식에 의해 만들어졌다.

대륙사면의 퇴적층에서 시추한 화석연료는 독특한 상태이다. 수심 300~1,000m의 바다 밑, 30기압 이상의 높은 압력에서는 0℃ 가까이에서도 물이 언다. 이때 물 입자가 만든 격자형의 우리 속에 천연가스가 갇히면서 고체 상태로 변한다. 이것이 메탄 하이드레이트다. 메탄 하이드레이트 1cc가 해리되면 약 172cc의 메탄가스와 0.8cc의 물이 된다. 메탄을 주성분으로 하는 천연가스는 태워도 이산화탄소의 발생량이 일반 화석연료의 절반에도 못 미치기 때문에, 에너지 효율이 높은 청정 에너지원으로 각광받고 있다. 대륙사면 저장고에 냉동되어 있는 메탄가스의 양은 약 10조 톤이 넘을 것으로 예측되고 있다.[208]

그림16-7. 메탄 하이드레이트
(불타는 얼음)

앞서 다양한 종류의 화석들을 살펴보았다. 키 6m, 몸길이 8m의 코뿔소 화석, 매머드 화석, 검치호랑이 화석, 몸길이 20m 이상, 50톤의 무게를 지탱하며 거닐던 대형 목긴공룡 화석, 머리 무게만 450kg에 이르는 뿔공룡 화석, 갑옷공룡 화석, 오리주둥이공룡 화석, 티라노사우루스 화석, 에스템메노수쿠스 화석, … 이들은 오늘날의 동물들보다 더 크고, 더 다양한 뿔과 장식을 지니고 있었다. 화석들이 들려주는 이야기를 요약하면 다음과 같다.

'거대한 동물들이 살 수 있는 풍요로운 시대가 있었다.'
'일시에 엄청난 자연재해가 일어나
당시의 동식물이 물과 퇴적물에 그대로 묻혔다.'

풍요로웠던 지구상 모든 곳에, 일정 기간 동안 일어났던 재해의 흔적은 화석뿐만 아니라 지각 위에 그대로 새겨져 있다. 바다 밑바닥부터 살펴보자.

❶ 자기 이상 띠

자화된 물질을 고온으로 가열하면 자성을 잃는다. 반대로 자화될 수 있는 물질을 580℃ 이하로 냉각하면, 주위의 자기장 방향으로 자화된다. 용암 속에는 자석이 될 수 있는 성질을 가진 자철석이 들어 있다. 용암이 아주 뜨거울 때에는 자철석이 자화될 수 없지만 차츰 식으면서 자화되어 당시의 지구 자기장 방향과 일치하게 나란히 배열된 채로 굳는다.

　해양저 산맥 하부의 마그마 방에서 상승하는 용암은 계속해서 해양지각을 만들고, 이후 양쪽으로 이동한다. 따라서 해양지각은 중앙해령을 중심으로 연속적인 대칭을 이루며 생성 당시의 자극에 관한 기록을 보존하고 있다. 인도양 북서부, 칼스버그 해령의 중심선 양쪽에 있는 현무암에서 천연자석들이 가리키는 지구 자기장의 방향은 정상적인 지역과 자기역전이 일어난 지역이 교대로 바뀌며 띠 모양으로 배열되어 있다.[209] 아이슬란드 남쪽의 레이캬네스 해령과 밴쿠버 섬 연안의 후안데푸카 해령, 태평양 남극해령의 중심선 양쪽에서도 자극의 방향이 교대로 뒤바뀐 현무암을 관측할 수 있다.[210] [그림17-1]처럼 정상인 곳을 검은색, 역전이 된 곳을 흰색으로 칠한다면 해저산맥의 방향과 나란히 검고 하얀 띠들이 대칭을 이룬 것처럼 보일 것이다.

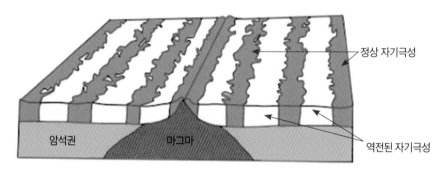

정상 자기극성

암석권　　　마그마

역전된 자기극성

그림17-1. 해저 자기 이상 띠

　지구의 전체적인 자기장이 순차적으로 역전된 것이다. 지구 자기장 역전현상은 외핵에 있는 액체 금속의 흐름 방향이 바뀌었기 때문이다. 외핵의 전기 전도성 있는 액체 금속이 일정한 방향으로 소용돌이치는 움직임은 지구의 강력한 자기장을 생성한다. 지구 자기장은 극 부분에서 솟아나 공중으로 수천㎞쯤 이어져 우주공간까지 뻗쳐 있으며 지구 주위로 보호막을 만들어 생명체가 살 수 있게 만든다. 지구 자기장이 사라진다면, 태양풍과 다른 별이나 은하로부터 방출되는 우주선이 그대로 지구 대기를 통과해 들어와 오존층을 전부 파괴하고, 모든 생물체는 강력한 피폭에 노출될 것이다. 그런데, 이 지구 자기장의 방향이 역전에 역전을 거듭했다. 자기북극과 자기남극이 지속적으로 뒤바뀐 것이다. 테이프 녹음기같이 정상, 역전, 정상, 역전, ⋯ 이 반복된 해양저의 자기 이상 띠는 외핵의 흐름이 뒤바뀌고 있는 격변의 순간을 고스란히 기록하였다.

❷ 거대 화성암 지대

외핵의 흐름 방향을 뒤바꾸는 맨틀 대류가 지구 역사의 어떤 시점에 있었다. 급격히 용융된 맨틀의 대류에 의해 암석권이 깨지고 마그마가 솟구쳤다. 그 결과 '거대 화성암 지대(Large Igneous Province, LIP)'가 만들어졌다. 일반적인 거대 화성암 지대는 누적 부피 10만㎦ 이상의 용암이 수십~수백 번 정도 뿜어져 나온 것이다. 분출된 용암은 수천㎢에서 수백만㎢에 이르는 지표면의 광활한 영역을 덮었다. 가장 큰 거대 화성암 지대로 알려진 곳은 원래 200만㎢ 정도, 즉 알래스카 크기에 이르렀던 온통자바 고원이다. 이 지역 대부분은 솔로몬 제도 근처의 태평양 밑에 있고, 1억㎦ 정도의 마그마가 해저에서 분출되어 곳에 따라 두께 30㎞에 이르는 고원을 만들었다.[211]

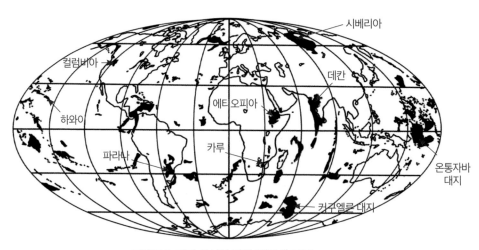

그림17-2. 거대 화성암 지대 (검은색 부분)

두 가지 주요 유형의 용암 분출로 거대 화성암 지대를 구분한다. 하나는 현무암성 용암이고, 다른 하나는 이산화규소가 풍부한 용암이다. 똑같이 대량으로 분출되지만 전혀 다른 종류의 폭발을 일으킨다. 현무암성 분화는 비교적 조용히 홍수처럼 대지를 덮는다. 한반도 면적의 7배도 넘는 150만㎢에 화산암이 펼쳐져 있는 인도 데칸 용암대지는 세계에서 가장 넓은 거대 화성암 지대 중 한 곳이다. 250만㎢라는 분출된 현무암의 양과 그것이 뻗어나간 드넓은 면적을 생각하면 용암이 홍수처럼 마구 쏟아져 나왔다는 것을 알 수 있다.[212] 용암은 갈라진 틈새에서 막힘없이 흘러내려 가까운 경사지를 타고 한참을 흐르다가 식으면서 굳었다. 많은 기체를 포함하고 있는데다 유동성이 강했던 용암들은 차례차례 빠른 속도로 퍼져 나갔을 것이다. 계단 모양의 각 단은 수십㎢에 걸쳐 있는 평지이며, 각각 용암류 하나가 흘러서 생긴 것이다. 각 단구마다 경작이 이루어지고 있으며 초라한 단층집과 소규모 경작지들이 늘어서 있다. 인도 데칸 용암대지를 데칸 트랩이라고도 한다. '트랩'이라는 단어는 계단이나 층계를 뜻하는 스웨덴어에서 온 말이다. 계단식이라고는 하지만 자동차를 타고서 한 시간씩 가야 다음 단구가 나온다.[213] [그림17-2]에서 볼 수 있듯, 시베리아 고원도 인도 데칸 용암대지만큼 범위가 넓지만 오지에 있어서 접근하기가 어렵다. 미국 북서부에 있는 컬럼비아강 현무암은 13만㎢에 걸쳐 있다. 각각의 용암류는 100m 이상의 두께를 가졌으며 어떤 것은 근원지에서 500㎞ 이상 흐를 정도로 유동적이었다.[214]

이산화규소가 풍부한 분화는 맨틀에서 분출된 마그마에 대륙지각에서 녹아 나온 광물이 더해져 화학적 조성이 변하는 대륙에서 일어났다. 첨가물 때문에 용암은 덜 자유롭게 흐르고 더욱 폭발적으로 분출하여 화산 쇄설성 분천을 형성한다. 파라나 에텐데카 용암대지(브라질과 아프리카 남서부 일대)는 대략 5,000㎢의 마그마로 만들어진 이산화규소가 풍부한 거대 화성암 지대의 전형적인 예다. 1991년 분출한 필리핀 피나투보 화산 정도의 분화로 이만한 크기의 거대 화성암 지대를 만들려면 몇 달이 걸릴 것이다.[215] 실로 엄청난 부피의 마그마가 만들어지고, 저장되고, 마그마굄에서 분출하였다.

❸ 판의 이동

지구 내부는 양파처럼 여러 개의 다른 **층**[17]으로 구성되어 있다. 지각은 가장 차갑고 약하고 얇은 층으로, 어떤 곳은 깊이가 채 1㎞도 되지 않지만 어떤 부분은 30㎞에 이르기도 한다. 지각은 해저를 이루는 해양지각과 대륙을 이루는 대륙지각으로 나뉜다. 비교적 얇은 해양지각은 대부분 화산암이나 화성암으로 이루어졌고 몇 백m에서 약 6㎞의 두께를 가진다. 대체로 더 두꺼운 대륙지각은 화성암, 변성암, 수천 가지 광물로 이루어진 퇴적암이 다양하게 섞여 있다. 지각과 약한 상부 맨틀을 합해 암석권이라고 하는데, 일곱 개의 대륙 크기 판과 열두 개가량의 더 작은 판으로 나뉜다.

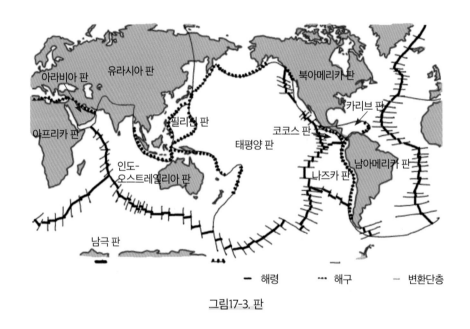

그림17-3. 판

오스트레일리아 판은 북쪽으로, 태평양 판은 서쪽으로 해마다 약 4㎝씩 이동한다. 침강이 일어나는 가장자리가 길수록 지각판의 이동이 더 빨라진다. 태평양 판, 나즈

---

17) 지구 내부는 지각, 맨틀, 외핵 및 내핵이라는 층상구조를 이룬다. 지각과 맨틀은 규산염 광물로 구성되어 있으며, 고체 상태이다. 외핵은 주로 철로 구성되어 있으나 철보다 가벼운 원소가 존재하며 액체 상태로 되어 있다. 고체 내핵은 대부분이 철로 되어 있으며 약간의 니켈이 공존할 것으로 추정하고 있다.

카 판, 코코스 판, 인도-오스트레일리아 판처럼 경계의 많은 부분이 침강된 판은 빨리 움직이는 반면, 유라시아 판, 아프리카 판과 같이 침강하는 부분이 많이 없는 판은 천천히 움직인다. 현재 해구에서 해양지각이 침강되는 면적은 큰 마을 하나 정도로 연간 약 3㎢이다.[216] 이것은 매년 적어도 해양지각 18㎦와 그 밑에 있는 감람암층 약 140㎦가 빨려 들어간다는 의미이다.[217]

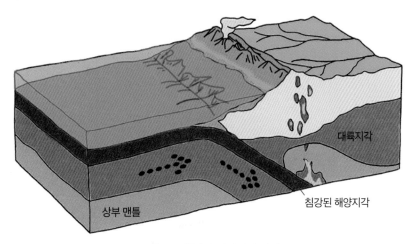

그림17-4. 침강된 암석판의 당김

침강이 일어나는 판의 반대편 가장자리는 침강되는 면적만큼 벌어지면서 확장된다. 적도의 바로 남단에 있는 동태평양 해령은 연간 15㎝로서 확장속도가 가장 빠르지만, 북대서양에서는 연간 2.5㎝로 흔히 손톱이 자라는 속도에 비유되곤 한다. 해구에서 당겨져 내려간 만큼, 반대편 해령에서는 벌어진 공간으로 새 지각이 스며들 듯 덧대어지며 약한 지진이 일어나고 있다.

맨틀까지 침강한 판이 자체 무게 때문에 조금씩 가라앉으면서 맨틀의 압력을 변화시킨다. 맨틀 내 압력의 작은 변화가 맨틀의 부분적인 용융으로 이어진다. 현재 지표면 아래 약 100~350㎞ 부근에서 1~2%의 맨틀이 용융 상태이며, 이렇게 약간의 유동성을 갖는 맨틀층을 연약권이라고 한다. 오늘날 연약권의 유동성으로는 연간 수㎝의 판

이동을 볼 수 있을 뿐이다. 외핵의 흐름이 지속적으로 뒤바뀌며 지구 자기장의 방향이 역전에 역전을 거듭하고, 거대 화성암 지대를 형성했던 맨틀의 용융 상태와는 비교할 수 없다. 지금 매년 4㎝씩 움직이는 판의 이동속도로 4,000㎞를 밀려나기 위해서는 1억 년이 걸리지만, 외핵의 흐름을 지속적으로 바꿀 만큼 용융된 맨틀의 대류는 암석판을 단기간에 급격히 이동시킬 수 있다. 그 거대했던 용융된 맨틀의 대류에 의해

그림17-5. 수심 900m 지점을 따라 남아메리카와 아프리카를 붙여서 그린 지도

하나였던 초대륙이 깨어져 현재와 같은 여러 개의 판으로 나뉘었다.

　나누어진 판이 원래 붙어 있었음을 여실히 보여 주는 것이 남아메리카와 아프리카 대륙의 해안선 윤곽이다. 두 대륙의 해안선은 퍼즐 조각처럼 들어맞는다. 대륙이 갈라져 수천만~수억 년 동안 이동했다면 제멋대로 찌그러져 있는 것이 자연스럽겠지만, [그림17-5]에서 볼 수 있듯이 두 대륙의 뜯어진 윤곽이 그대로 남아 있다. 대서양은 해안선과 나란한 중앙해령에 의해 세로로 동일하게 양분된다. 중앙해령은 해저산맥이다. 육지의 산맥과 달리 중앙해령의 가장 중앙 부분에는 폭 25~30㎞, 깊이 수백m의 깊은 V자 모양 계곡이 파져 있다. 이 틈으로 솟구쳐 나온 용암이 식고 굳어지면서 땅이 밀려나고 바다가 확장된 것이다. 대서양 중앙해령은 대서양 한가운데를 거대한 S자 모양으로 달리다가 남극 대륙 부근에서 동쪽으로 방향을 틀어 인도양으로 이어지고, 인도양의 중앙 부근에서 두 갈래로 나뉘어 하나는 북쪽의 아덴만으로, 다른 하나는 동쪽으로 계속 나아가 남극 대륙과 오스트레일리아 대륙 사이를 지나 태평양과 이어진다. 그 총길이가 80,000㎞ 이상이다. [그림17-3]처럼, 바닷물을 거둬내고 본 지구 표면은 마치 야구공 껍질의 박음질처럼 검은 줄로 휘감겨 있다.

❹ 땅을 멸한 홍수

성경의 첫 권 창세기에는 '땅을 멸한 홍수'에 대하여 상세히 기록되어 있다.

땅의 모든 짐승과 하늘의 모든 새와 생명이 있어 땅에 기는 모든 것에게는 내가 푸른 풀을 먹을거리로 주노라 하시니 그대로 되니라 하나님이 지으신 그 모든 것을 보시니 **보시기에 심히 좋았더라**

(창세기 1장 30~31절)

하나님이 노아에게 이르시되 모든 혈육 있는 자의 포악함이 땅에 가득하므로 그 끝 날이 내 앞에 이르렀으니 내가 **그들을 땅과 함께 멸하리라**

(창세기 6장 13절)

노아가 육백 세 되던 해 둘째 달 곧 그달 열이렛날이라 그 날에 **큰 깊음의 샘들 이 터지며 하늘의 창문들이 열려 사십 주야를 비가 땅에 쏟아졌더라**

(창세기 7장 11~12절)

홍수가 땅에 사십 일 동안 계속된지라 물이 많아져 방주가 땅에서 떠올랐고 물이 더 많아져 땅에 넘치매 방주가 물 위에 떠 다녔으며 물이 땅에 더욱 넘치매 천하의 높은 산이 다 잠겼더니 물이 불어서 십오 규빗이나 오르니 산들이 잠긴지라 땅 위에 움직이는 생물이 다 죽었으니 곧 새와 가축과 들짐승과 땅에 기는 모든 것과 모든 사람이라 육지에 있어 그 코에 생명의 기운의 숨이 있는 것은 다 죽었더라 지면의 모든 생물을 쓸어버리시니 곧 **사람과 가축과 기는 것과 공중의 새까지라 이들은 땅에서 쓸어버림을 당하였으되** 오직 노아와 그와 함께 방주에 있던 자들만 남았더라 물이 백오십 일을 땅에 넘쳤더라 하나님이 노아와 그와 함께 방주에 있는 모든 들짐승과 가축을 기억하사 **하나님이 바람을 땅 위**

에 붙게 하시매 물이 줄어들었고 깊음의 샘과 하늘의 창문이 닫히고 하늘에서
비가 그치매 물이 땅에서 물러가고 점점 물러가서 백오십일 후에 줄어들고 일곱
째 달 곧 그 달 열이렛날에 방주가 아라랏 산에 머물렀으며 물이 점점 줄어들어
열째 달 곧 그 달 초하룻날에 산들의 봉우리가 보였더라… 육백일 년 첫째 달
곧 그 달 초하룻날에 땅 위에서 물이 걷힌지라 노아가 방주 뚜껑을 제치고 본즉
지면에서 물이 걷혔더니 둘째 달 스무이렛날에 땅이 말랐더라

(창세기 7장 17절~8장 14절)

내가 너희와 언약을 세우리니 다시는 모든 생물을 홍수로 멸하지 아니할 것이라
땅을 멸할 홍수가 다시 있지 아니하리라

(창세기 9장 11절)

노아가 600세 되던 해 2월 17일, 큰 깊음의 샘들이 터졌다! 형언할 수 없는 강력한
힘으로 땅에서 물이 솟구쳐 나왔으며 큰 바위들이 공중으로 높이 치솟았다가 떨어지
면서 땅속 깊이 묻혔다. 지각 위로 물이 솟구쳐 오른 것처럼 지각 밑으로도 물이 유입
되었다. 물은 감람석의 결정 구조를 약화시키거나 녹는점을 낮추어 맨틀 암석을 부분
용융시켜 강도를 낮추는 등 맨틀 암석의 강도를 결정하는 데 중요한 역할을 한다. 용
융점에 가까운 온도에 있었던 맨틀 암석에, "큰 깊음의 샘들이 터지며(창세기 7:11)" 쏟
아져 나온 물이 지각의 깨진 틈으로 들어가 맨틀 암석을 급격히 용융시켰다.

큰 깊음의 샘들이 터지면서 지각과 최상부 맨틀이 깨지자, 맨틀 내부 압력이 줄어
들었고 고온의 맨틀 암석은 용융되었다. 광물이 녹으면 원자들은 무질서해지고 자유
롭게 움직여 고체 광물일 때보다 더 많은 공간을 차지한다. 마그마의 부피는 맨틀 암
석보다 약 10% 정도 더 크다.[218] 부피가 커지면서 밀도가 작아진 마그마는 지각을 향
해 상승하였다.

물의 유입과 압력 감소로 급격히 용융된 맨틀은 거대한 대류를 일으켜 맨틀 위의 지각과 최상부 맨틀을 더 격렬하게 깨뜨렸다. 하나였던 거대한 대륙의 곳곳에 균열이 생겼다. 균열의 틈을 따라, 현무암질 마그마가 분출하였다. 현무암질 마그마는 대륙 지각을 녹일 만큼 매우 뜨겁다. 현무암질 마그마가 상승하면서 대륙지각 하부를 녹여 유문암질 마그마를 만들었고, 지표면까지 도달한 이산화규소가 풍부한 유문암질 용암은 크고 격렬한 화산 폭발을 일으켰다. 화산쇄설물이 10~12km까지 높이 올려 보내졌으며 미세한 화산재는 상층 대기까지 더 높이 상승하였다.[219] 대규모의 화산 폭발로 엄청난 양의 화산재가 성층권까지 퍼지면서 **'궁창 위의 물'**[18]과 만났다. 화산재 입자들은 응결핵이 되었다. '궁창 위의 물'은 포화수증기압 상태로 존재했을 것이다. 대기권의 상당 높이까지 퍼진 화산재 입자들이 포화수증기압 상태의 수증기를 응결시켰고, 물방울은 커져 이내 비가 되었다. 지구상의 생물들을 보호하던 '궁창 위의 물'이 재앙으로 변했다. 물이 구름 가운데서 큰 폭포를 이루며 쏟아지는 듯 쏟아져 내렸다. 하늘에서 내린 물은 땅에서 솟구쳐 나온 물과 합해져 멸망시키는 일을 성취하였다. '궁창 위의 물'이 다 쏟아져 내리기까지 40일이 걸렸다. 그리고 그 40일 동안 큰 깊음의 샘들도 밤낮없이 계속 터졌다.

큰 깊음의 샘들이 터지면서 시작된 대격변, 노아 시대의 대홍수는 풍요로운 첫 땅을 멸한 사건이었다. 물에 잠긴 대륙이 흐물거리는 맨틀 위에서 깨지고, 밀려나고, 충돌하여 솟아오르면서, 수많은 생물들이 사태와 화산재에 묻혔다. 퇴적물로 덮인 생물의 유해는 암석판과 함께 침강되거나 충돌 과정에서 솟아올랐다.

---

18)   **궁창 위의 물**: 하나님이 이르시되 물 가운데에 궁창이 있어 물과 물로 나뉘라 하시고 하나님이 궁창을 만드사 **궁창 아래의 물과 궁창 위의 물**로 나뉘게 하시니 그대로 되니라 하나님이 궁창을 하늘이라 부르시니라 저녁이 되고 아침이 되니 이는 둘째 날이니라 하나님이 이르시되 천하의 물이 한 곳으로 모이고 뭍이 드러나라 하시니 그대로 되니라 하나님이 뭍을 땅이라 부르시고 모인 물을 바다라 부르시니 하나님이 보시기에 좋았더라(창세기 1장 6~10절)

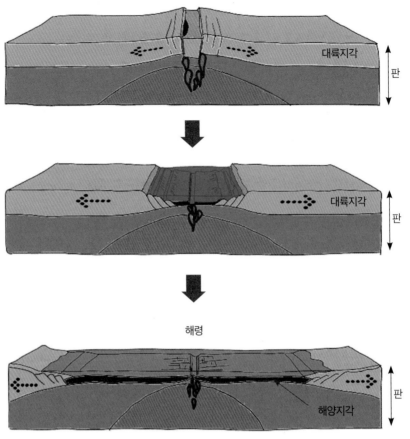

그림17-6. "큰 깊음의 샘들이 터지며 하늘의 창문이 열려 사십주야를 비가 땅에 쏟아졌더라"(창세기 7장 11, 12절)

해양지각은 대륙지각보다 밀도가 더 크다. 사실 해양 아래 전체의 암석권이 대륙의 암석권보다 밀도가 더 크다. 조각난 해양판과 대륙판이 서로를 향하는 방향으로 움직일 때, 밀도가 더 큰 해양판은 대륙판의 가장자리 아래 맨틀까지 침강한다. 안데스 산맥은 남아메리카의 서쪽 해안 아래로 태평양 해양판이 침강한 결과 만들어진 화산성 산맥이다. 침강된 태평양 해양판에서 막대한 양의 현무암질 마그마가 만들어지고, 이 마그마의 일부는 화산으로 터져 나왔다. 그리고 대부분의 마그마가 남아메리카의 대륙지각 하부를 녹여 안산암질 마그마와 유문암질 마그마를 생성하였다. 상승하는 마그마는 안데스 산맥 하부의 지각을 뜨겁고 두껍게 하였고, 지각 평형에 맞춰 큰 봉우리가 솟아올랐다. 결과적으로 화산암과 심성암이 남미의 서부 전체를 통해 길게 분포하고 있다.[220]

두 개의 대륙판이 부딪치면, 모두 다 가벼워서 어느 것도 가라앉지 않는다. 두 판은 그들 아래의 물질보다 둘 다 밀도가 작다. 두 대륙판이 서로 밀어내는 엄청난 압력 때문에, 평지였던 대륙이 비틀리고 일그러져서 거대한 산맥으로 솟아올랐다. 유럽 알프스는 아프리카 북부와 유럽 남부 사이에서 반복된 충돌에 의해 솟아오르고 일그러졌다. 알프스 산맥은 수직으로 쌓인 세 개의 주요 성분으로 이루어져 있다.[221] 가장 아래에는 북유럽 대륙 주변부가 있고 맨 위에는 이탈리아 대륙 주변부가 있다. 그리고 그 사이에 지금은 완전히 사라진 암석판이 있다. 대륙들을 모아 초대륙을 재구성하면, [그림17-7]에서 볼 수 있듯이 쐐기 모양의 암석판이 있었을 자리가 나타난다. 쐐기 모양의 암석판은 사라졌지만 그 일부를 이루는 암석이 알프스 산맥 높은 곳에서 발견된다. 알프스 산맥의 이 세 성분을 구별하는 접촉면은 충상단층이다. 단층면의 경사가 작은 역단층인 충상단층은 압력에 의해 만들어지므로 한때 북유럽과 이탈리아 사이에 있던 판이 북유럽과 이탈리아가 함께 이동할 때 눌려서 사라졌다는 것을 알려 준다.

그림17-7. 초대륙과 대륙의 이동

히말라야 산맥은 남극 대륙과 붙어 있던 인도 대륙이 북상하여 아시아 대륙과 충돌한 결과물이다. 인도 판과 아시아 판은 모두 밀도가 작은 대륙지각을 포함하므로, 어느 쪽도 맨틀 내로 깊게 가라앉지 못한다. 하지만 인도와 아시아 사이에 있던 쐐기 모양의 암석판이 침강되어 사라지면서 인도 판을 끌어내렸기 때문에, 가벼운 인도 판이 비슷한 밀도의 아시아 판 밑으로 들어갈 수 있었다. 인도 판이 티베트 아래로 내려가면서, 티베트 하부에 지하충상단층을 형성하였고 그 지역 대륙지각은 2배로 두꺼워졌다.[222] 결과적으로 이 지역은 지각 평형에 의해 높은 고도로 상승하여 세계 최고봉을 품은 산맥과 고원이 되었다. 골짜기조차 해발고도 3,000~4,000m 높이에 있는 티베트 고원의 평균 높이는 약 5,000m이고 1,000km×5,000km의 면적을 차지하고 있다.[223] 히말라야 산맥이 세계에서 가장 높은 봉우리를 품을 수 있는 이유 중 하나는 고원 전체의 해발고도가 높기 때문이다. 에베레스트(8,848m)를 비롯하여 칸첸중가(8,586m), 로체(8,515m), 마칼루(8,463m), 초오유(8,201m), 눕체(7,851m) 등 전 세계에서 가장 높은 10여 개의 산이 모두 이곳에 있다.

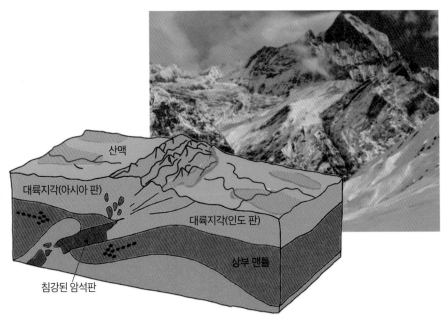

그림17-8. 히말라야 산맥의 형성(안나푸르나 사진: 손성익 선생님)

인공위성으로 봤을 때, 거대한 히말라야 산맥 줄기는 인도 판과 아시아 판이 충돌한 지역의 구조를 반영하는 거의 평행한 봉우리와 골짜기로 이루어져 있다.[224] 충돌한 지각 판 사이의 가장자리를 따라 땅속 깊은 곳에서 암석 일부가 녹았다가 재결정화를 거쳐 화산성 화강암이 되었다. 지하 10㎞ 이하 깊은 곳에서 만들어진 화강암은 솟아올라 오늘날 네팔의 눕체, 인도 샹가방과 쉬블링 그리고 네팔과 인도 국경에 있는 칸첸중가 등 히말라야에서 가장 높은 봉우리가 되었다. 봉우리 중에 가장 높은 에베레스트는 하단부가 변성암인 편암과 편마암으로 이루어져 있고 화강암 **암맥**[19]이 섞여 있다. 하지만 이 모든 활동에도 산 위쪽 사면은 놀라울 정도로 아무 영향도 받지 않았다. 에베레스트 산의 정상은 조개 화석 내지는 작은 해양 생물 화석들을 포함하는 석회암이다.[225] 석회암은 가장 일반적인 퇴적암 중의 하나로, 따뜻하고 얕은 바다에 사는 조개나 굴, 산호 같은 해양 생물체의 유해가 퇴적되고 고화된 암석이다. 산호 화석은 에베레스트 산 정상뿐만 아니라 로키 산맥 정상의 암석 속에도 풍부하다. 전 세계의 높은 산맥들은 수많은 해양 생물의 흔적을 품고 있다. 알프스 산맥에서 나선이 뒤틀려진 암모나이트 화석이 나오고, 텐샨 산맥 지표면 여기저기에 암모나이트와 삼엽충 화석이 드러나 있다.

❺ 퇴적암

해양 퇴적물 중에 대표적인 것이 매우 부드러운 세립질의 하얀 석회암, 바로 백악이다. 백악은 해양 미생물체의 껍데기와 골격이 대량으로 퇴적되어 만들어진 것이다. 전 세계의 백악을 따라갈 수만 있다면, 캐나다 순상지로부터 텍사스와 멕시코를 가로질러 흑해와 그 너머 중동까지 비슷한 하얀 석회암들이 뻗은 것을 볼 것이다.[226] 백악은 물이 대륙을 뒤덮었다는 사실을 보여 주는 기록이다.[227] 해양 퇴적물은 드넓은 세계를 하얗게 칠해 놓았다. 침식으로 많이 사라졌지만 백악은 영국제도까지 뻗어 있다.

---

19) **암맥**: 용해된 암석이 갈라진 틈새를 따라 퍼져서 만들어진 얇고 납작한 암석

석회암은 전 세계의 여러 지역에 광범위하게 분포한다. 지구 육지표면의 15%가 석회암과 백운암 등의 탄산염암이다.[228] 탄산염암은 퇴적암의 일종이다. 물로 뒤덮인 땅에서 물이 빠져나가며 전체 대륙면적의 약 75%를 퇴적암이 덮고 있다. 퇴적암의 생성과정은 물과 뗄 수 없다. 물속에서 가라앉아 다져진 퇴적물은 자체 하중에 의해 압축되었다. 물이 걷히자 쌓인 퇴적물의 하중 때문에 하부에 놓인 퇴적물은 더욱 눌려졌다. 퇴적물이 눌리면, 얼마간의 물이 빠져나가 결과적으로 공극이 줄어든다. 이 과정을 '다져짐 작용'이라고 한다. 만일 알갱이가 점토나 실트처럼 평평하게 생긴 판상이라면 다져짐 작용만으로 퇴적물이 고화될 수 있다.[229] 판상의 알갱이들은 퍼즐 조각처럼 서로 맞물리기 때문이다. 다져짐 작용과 함께 물에 용해된 다양한 광물질이 퇴적물 입자 사이의 공극에 침전하여 퇴적입자를 접착시켰다. 이러한 화학적 변화를 '교결 작용'이라고 한다. 방해석, 석영, 산화철 등은 퇴적암에서 가장 흔한 접착제(교결물)이다. 모래 사이의 공극에 탄산염이 방해석으로 침전되어 입자들을 접착시켰고 압축으로 다져지면서 사암이 되었다. 석영은 모래, 진흙, 자갈을 접착하여 사암, 이암, 역암을 만들었다. 퇴적물은 눌리고 이어 붙어 퇴적암으로 남았다.

퇴적암은 퇴적물이 퇴적되는 동안이나 바로 직후에 발달하는 특징적인 퇴적구조를 가지고 있다. 가장 두드러지며 일반적인 퇴적구조는 층리, 바로 지층이다. 퇴적물류가 흐르며 퇴적물이 평행하게 쌓여 층을 이루었다. 지층의 두께는 수㎜에서 수백m까지 다양하게 나타나며, 수평으로 이어져 있는 평행한 줄무늬가 수㎞, 어떤 곳에서는 수백㎞에 걸쳐 드러나 있다.

그랜드캐니언[그림17-9]은 길이가 446㎞, 폭은 6.4~29㎞, 가장 깊은 곳이 1,857m에 이르는 거대한 협곡으로, 콜로라도 고원 남서부를 흐르는 콜로라도강을 따라 펼쳐져 있다. 수직으로 깎아지르는 협곡의 벽면에는 거의 수평인 지층이 풍화되어 복잡한 계단상 구조를 보인다. 그랜드캐니언의 층리는 지층마다 매우 선명한 차이와 각 지층 내에서의 비교적 균일한 조성에 의해 가장 아래에 있는 태피츠 사암으로

부터 가장 꼭대기의 카이바브 층에 이르는 11개의 지층으로 구분할 수 있다. 그중 브라이트 엔젤 셰일, 무아브 석회암, 레드월 층, 수파이 층군, 코코니노 사암, 카이바브 층은 각각의 지층 두께가 100m를 넘는다. 각각의 지층은 두껍지만 한 지층의 아래에서 위까지 동일한 조성과 비교적 균일한 입자로 이루어져 있다. 수파이 층군은 단일 지층이 무려 305m에 이른다. 두꺼운 지층의 아래 경계에서 위 경계까지 지층을 구성하는 조성이나 입자의 크기가 크게 다르지 않다. 이런 규모의 평행한 여러 개 지층이 쌓이는 데는 우리의 상식을 넘어서는 엄청난 양의 퇴적물과 그 퇴적물을 완전히 덮은 어마어마한 양의 물이 필요하다.

그림17-9. 그랜드캐니언의 층리

⑥ 빙하기

40일간 폭포수같이 쏟아진 '궁창 위의 물'이 '궁창 아래의 물'과 합쳐져 넓어진 해저를 덮었다. 확장된 바다가 뜨거운 화산 활동으로 따뜻해진 반면, 대륙은 좁아지고 차가워졌다. 충돌에 따른 지각 평형과 화산 활동에 의해 암석판이 융기되면서, 대륙의 온도가 낮아졌다. 얼음으로 뒤덮인 솟아오른 봉우리들은 대륙들이 서로 밀어 댄 결과이다. 조각난 대륙판은 밀리고 당겨지며 서로 벌어져 결국 남반구에는 남극 대륙이, 북반구에는 북극을 둘러싸는 위치에 대륙들이 놓였다. 극으로 또는 극 주변으로 밀려난 대륙의 최종 위치 때문에 적도와 극의 온도 차이가 매우 커졌다. 또한 대기의 온도가 낮아지면서 대륙이 더욱 차가워졌다. 40일간 칠흑같이 어두운 하늘에서 비가 쏟아지고, 화산 활동으로 방출된 방대한 양의 화산재와 미세먼지가 대기 중에 퍼지면서 태양빛을 막았다. 대기 중으로 퍼진 화산가스와 엄청난 양의 먼지는 40일간 지속된 폭포수 같은 비에 상당량 씻기긴 했지만, 어느 정도 잔존하여 기후의 한랭화를 이끌었다.

'궁창 위의 물'과 '궁창 아래의 물'이 합쳐진 대해, 확장되는 해저를 덮으며 따뜻해진 바다, 차가운 대기, 높이 솟아오른 산맥과 고원, 극과 극 주변으로 밀려난 차가운 대륙 그리고 차가운 대륙과 따뜻한 바다 사이의 온도 차이 등 여러 요소들이 복합되어 높은 기압차와 강한 바람을 만들었다. 넘쳐나는 따뜻한 바다가 뿜어내는 수증기는 강한 바람과 차가운 대륙을 만나며 눈보라로 바뀌었다. 그리고 그 많은 양의 눈은 빙하가 되었다.

녹아내리는 빙하는 아무렇게나 내버린 찌꺼기 같은 퇴적물을 남겨놓는다. 이것을 표석점토라고 한다. 온갖 크기의 돌멩이들을 마구 섞은 뒤 끈끈한 갈색 진흙을 이겨 바른 것 같다.[230] 알프스 산맥의 계곡들에서 이런 종류의 암석들이 여기저기 쌓여 있는 것을 볼 수 있다. 표석점토에는 긁힌 자국이 난 큰 자갈들이 섞여 있다. 독특한 긁힌 자국은 빙하가 바닥을 긁고 지나가면서 남긴 흔적이다. 가열냉각을 거쳐 표석점토가 단단하게 굳으면 표력암이 된다. 이 과정에서 긁힌 자국들이 그대로 남겨진다. 그래서 돌에 새겨진 긁힌 자국을 통해 빙하의 흔적을 찾을 수 있다. 북극권의 스발바르 군도에서 가장 큰 스피츠베르겐 섬의 북쪽 반도인 니프리슬란트 해안을 따라 펼쳐진 지층은 탄산염 퇴적암인 백운암과 석회암으로 이루어져 있다. 희귀한 해조류 화석들이 암석층 사이에서 나오기도 한다.[231] 그리고 지층에는 전혀 다른 암석들이 자리를 비집고 들어가 있다. 바로 표력암이다. 크기와 종류가 다양한 온갖 돌들이 분홍빛 진흙 속에 틀어박혀 있다. 각각의 돌을 자세히 보면, 그것이 빙상에 있을 때 생긴 긁힌 자국들이 새겨져 있다.[232]

북극권과는 전혀 다른 곳, 현재 다육식물이 무성하게 자라는 남아프리카의 그레이트카루 지역에서도 표력암이 발견된다.[233] 표력암을 쪼개 보면 월계수 잎 같으면서도 혓바닥 모양에 더 가까운 잎사귀 화석을 관찰할 수 있다. 혓바닥 모양의 잎에는 그리스어로 '혀'를 뜻하는 글로소프테리스라는 학명이 붙여졌다. 글로소프테리스는 「제16장 – 과학노트 〈18〉 석탄」에서 살펴보았듯이, 온난한 기후에서 자랐던 식물의 화석이다. 인도 반도에서 발견된 표력암 지층 사이에는 글로소프테리스와 유사한 긴가모프테리스 화석이 끼워져 있었다.[234] 한편 아라비아 반도 끝자락 오만의 와디 골짜기 양쪽 비탈에 빙하 표력암 지층이 뚜렷이 드러난 것을 볼 수 있다.[235] 거대한 용이 발톱을 갈아 댄 것처럼 보이는 자국이 와디의 바닥에 그어졌다. 그 길게 파인 자국들은 빙상이 바닥의 암석층에 남긴 홈이다.

북극권뿐만 아니라 남아프리카, 인도, 아라비아 반도와 같은 저위도 지역도 국소적인 빙하의 흔적을 품고 있다. 저위도에서 빙하가 만들어질 만큼, 눈폭풍은 전 지구적인 대단한 규모였다. 눈폭풍이 일며 빙하가 대륙을 덮었다. 캐나다 서부를 제외한 캐나다 전 지역과 미국 북부에 최대 2,000만㎢에 달하는 것으로 추정되는 빙하가 발달했다.[236] 이것은 현재의 남극빙상과 그린란드 빙상을 더한 양에 육박하며 무게는 무려 약 2경 톤에 달했다.[237] 북유럽에서부터 북해 그리고 영국 중북부와 아일랜드 지역에도 두께가 약 3㎞에 달했을 것으로 추정되는 빙하가 발달했다.[238] 대륙빙하는 러시아 최북부와 그 앞바다에 펼쳐지는 해역을 덮는 빙하로 이어졌다.[239] 지금까지 남아 있는 그린란드 빙상을 포함하면 북대서양 북부해역을 에워싸는 육지 대부분이 대륙빙하에 뒤덮여 있었을 것이다. 따뜻한 대해가 뿜어내는 수분이 거대한 대륙빙하를 이루며 해수면이 급격히 내려갔다. 이에 따라 대륙붕 대부분이 드러났다.

다시 기후가 회복되면서 그린란드 빙상을 제외한 북반구의 대륙빙하는 녹아 사라졌다. 빙하의 두께가 3㎞ 정도 되면, 그 밑에 있는 대륙을 약 1㎞ 정도 침하시킬 수 있다.[240] 짓누르던 대륙빙하가 녹아서 사라지자 그 무게에 대한 반동으로 대륙이 융기되었다. 캐나다 북부의 허드슨 만 일대를 내리누르던 빙하가 사라지고 나서 침하되었던 대륙은 지금도 상승을 계속하고 있다.[241] 스칸디나비아 반도 부근의 지각은 발트 해 북부를 중심으로 하는 동심원 모양으로 조금씩 융기하고 있다.[242] 북유럽의 과거 100년 동안 지각 융기량을 조사한 결과, 융기량이 가장 큰 곳은 10m에 달했다.[243]

녹아내리며 움직이는 빙하가 깎아낸 지형 중 가장 대표적인 것이 피오르다. 노르웨이 서부해안을 따라가며 빙하에 깎인 길고 깊은 만(피오르)을 볼 수 있다. 산악지대에서 바다까지 연결된 빙하가 녹으면서 지반을 깎아 깊은 계곡을 형성한 것이다. 만을 에워싼 암벽은 수면 아래 약 500m의 깊이에서 해발 약 1,400m 높이까지 단숨에 이어진다.[244]

❼ 북극권에 저장된 석탄과 석유

그린란드부터 북극 캐나다, 시베리아를 지나 스칸디나비아에 이르기까지 지구 북부 대륙들은 여름에 아주 잠깐 녹는 최상층을 제외하면 땅이 항상 얼어 있는 거대한 툰드라 지대로 둘러 싸여 있다. 툰드라는 '나무가 없는 벌판'이라는 뜻이다. 큰 나무는 없지만, 툰드라에도 나무가 자란다. 언뜻 보면 풀 같지만 키 작은 나무가 땅에 붙어 있다. 툰드라 지역은 햇빛의 조사량이 적고 땅속에 **영구동토층**[20]이 있어 뿌리를 깊게 뻗을 수 없다.

노르웨이령 스발바르 군도, 스피츠베르겐 섬의 북단에 있는 니알슨 마을 인근은 폐허로 변한 탄광 잔해가 방치되어 있다. 여전히 석탄을 채굴하는 지역도 있다. 20세기 초부터 노르웨이가 개발하기 시작한 석탄은 북극권에 속하는 날씨와는 너무나 동떨어진 물질임에 틀림없다. 탄광에서 발견되는 석탄층의 두께는 수 센티미터에서 수십 미터까지 매우 다양하다. 알래스카 북쪽 해안의 노스슬로프에도 화석화된 숲이 있으며 석탄이 두꺼운 층을 이루고 있다. 식물 더미는 부피가 상당히 줄어들어야 석탄층으로 변한다. 1m의 석탄층은 20m 이상의 식물이 쌓여야 만들어진다. 즉, 석탄층이 만들어지려면 식물 성장에 알맞은 온화한 기후가 필수적이다. 현재 얼어붙은 땅이지만, 석탄층이 형성될 만큼 한때 숲이 풍부하고 동식물이 번성했다.

두터운 석탄층보다 이목을 끄는 것은 북극의 차가운 바다 밑에 저장된 어마어마한 석유와 가스 매장량이다. 울창한 숲이 석탄으로, 그 안에서 번성했던 동물들은 석유로 남은 것이다. 1970년대 북해 유전 개발에 성공하면서, 노르웨이는 단숨에 세계 3대 석유 수출국이자 서유럽 최대의 천연가스 수출국으로 등극했다. 최대 160억 배럴 이상의 원유(하루 200만 배럴을 생산하는 이라크가 20년 이상 생산할 수 있는 양)가 묻혀 있을 것으로 추정되는 알래스카 해역의 자원 개발을 두고 미국 석유 개발업자들과 환경단체 사이의 공방이 첨예하고, 주요 석유회사들이 러시아령 북극해에 매장된 가스 자원 개발을 위해 쟁탈전을 벌인다.

[그림17-10]과 유사한 과정을 거쳐, '땅을 멸한 홍수'는 첫 땅의 풍요로움을 완전히 지우고 땅을 재배치시켰다. 조각난 대륙판이 급격히 용융된 맨틀의 대류에 의해 서로 벌어지고 밀리고 당겨지며 오늘날과 같은 6대주가 되었다. 그리고 양극으로 밀려난 대륙은 빙하기의 맹렬한 추위 속에 그대로 얼었다. 「제15장 화석 산지 (2)」에서 살펴

---

20) **영구동토층**: 지표 밑의 연중기온이 2년 이상 0℃ 이하를 유지하는 토양층

보았듯이, 퇴적물류에 매장된 동식물은 땅과 함께 얼어붙었다.

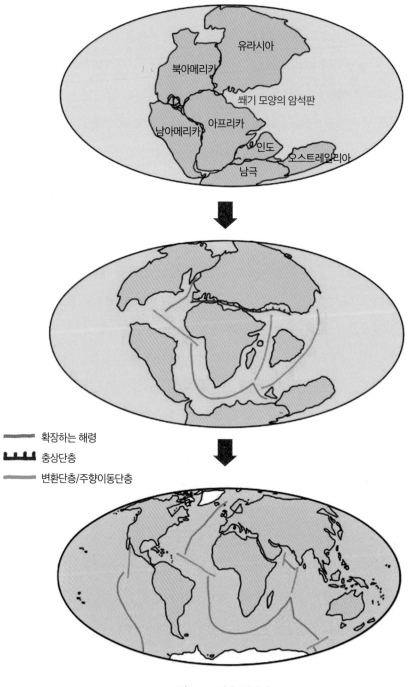

그림17-10. 땅을 멸한 홍수

❽ 쐐기 모양의 암석판

대서양에는 평상지라고 불리는 평평하게 놓인 퇴적암이 보통 해안에 근접해 있다. 남아프리카의 카루 통이 좋은 사례이다.[245] 하나로 이어져 있던 평상지가 이곳에서 갈라져 뿔뿔이 흩어졌다. 유럽을 서쪽으로 가로지르는 아르모리카 산맥처럼, 대서양에서는 대륙들의 가장자리에 있던 조산대들이 뭉툭 잘려 나가고 없다.[246] 대서양은 주변부뿐만 아니라 해저도 고른 편이다. 대서양 해저는 중앙해령에 의해 대칭적으로 양분되어 있고, 서인도 제도 부근에 하나의 해구가 있을 뿐이다. 대서양과 달리, 태평양에는 해안에 근접한 평상지가 없다. 또한 강력한 침강 작용에 의해 동쪽으로 알류샨 해구(수심 약 7,800m), 페루-칠레 해구(수심 약 8,000m), 서쪽으로 일본 해구(수심 약 8,400m), 마리아나 해구(수심 약 11,000m), 필리핀 해구(수심 약 10,500m), 통가 해구(수심 약 11,000m)를 비롯하여 알래스카 서부의 활화산으로 구성된 알류샨 열도, 태평양 서부의 수많은 호상 열도가 태평양을 두르고 있다. 해구와 열도, 침강된 판들로 둘러싸인 태평양 주변은 특별히 화산과 지진이 집중되어 **'불의 고리'**[21]라고 불린다. 동쪽 땅은 서쪽 땅에 비해 격렬한 지각 변화를 겪었다.

모든 대륙이 하나로 이어져 있던 초대륙에서의 처음 위치와 비교했을 때, 가장 멀리 이동한 판은 인도 판이다. 남극 대륙과 붙어 있었던 인도 판은 적도를 넘고 계속 북상해서 아시아 판과 충돌하였고, 히말라야 산맥을 형성하였다. [그림17-8]에서 볼 수 있듯이, 인도 판은 비슷한 밀도의 아시아 판 밑으로 침강했다. 먼저 침강된 판(쐐기 모양의 암석판)이 인도 판을 끌고 내려가 인도 판이 아시아 판 밑으로 들어갈 수 있었다. 인도 판이 그렇게 먼 거리를 이동할 수 있었던 것도, 맨틀 대류와 해령 확장에 의해 밀려나간 것과 더불어, 가라앉은 암석판이 인도 판을 끌어당겼기 때문이다. 사라진 쐐기 모양 암석판의 크기와 경계를 알 수는 없지만, 그 대륙은 초대륙의 동쪽 부

---

21) **불의 고리**: 알류샨 열도, 필리핀 군도, 일본 열도, 솔로몬 제도, 뉴질랜드 등 화산 활동이 활발한 태평양 주변 지대가 북미연안으로부터 중앙아메리카, 남아메리카의 서해안으로 이어져 띠(belt) 모양을 이룬다고 하여 '불의 고리(ring of fire)'라고 한다. 세계 활화산과 휴화산의 75%가 불의 고리 지역에 몰려 있으며, 전 세계 지진의 80~90%도 이곳에서 발생한다.

분에 있었다.

그림17-11. 초대륙

    초대륙의 동쪽 땅에 대한 기록을 창세기에서 찾을 수 있다. "여호와 하나님이 **동방의 에덴**에 동산을 창설하(창세기 2장 8절)"셨다. 에덴동산은 초대륙의 동쪽에 있었다. 에덴동산이라는 지명에서 알 수 있듯이 지대가 다른 곳보다 높았다. 그리고 에덴은 온 땅을 적시는 네 개의 큰 강들의 발원지였다. "강이 에덴에서 흘러 나와 동산을 적시고 거기서부터 갈라져 네 근원이 되었으니 첫째의 이름은 비손이라 금이 있는 하윌라 온 땅을 둘렀으며 그 땅의 금은 순금이요 그 곳에는 베델리엄과 호마노도 있(창세기 2장 10~12절)"었다.

    동방의 에덴동산을 기준으로 동쪽, 비손강이 흐르고 순금과 보석이 많은 땅에 가인의 후손들이 거주하였다. 동생 아벨을 죽인 인류 최초의 살인자 가인은 "여호와 앞을 떠나서 에덴 동쪽 놋 땅에 거주하더니 … 가인이 성을 쌓(창세기 4장 16~17절)"았다. 가인의 특성을 물려받은 그의 후손들은 악을 제어하지 않았고, 더 큰 악을 행하는 데 대담해졌다. 탁월한 지력과 체력을 가진 그 당시 사람들은 제어하지 않은 죄악 가운데서 오래 살며[22] 더욱 포악해졌다. "온 땅이 하나님 앞에 부패하여 포악함이 땅에 가

---

22)   아담은 130세에 자기의 모양 곧 자기의 형상과 같은 아들을 낳아 이름을 셋이라 하였고 아담은 셋을 낳은

득(창세기 6장 11절)"하게 되었다. 결국, 땅을 멸망시킨 두려운 심판이 이르렀다. 사람이 살지 않았던 지방과 죄가 아주 적었던 곳에는 가볍게 저주가 내려졌다. 반면에 죄가 극심히 심했던 (동방의) 에덴의 동쪽 땅은 가장 크게 저주를 받았다. 한때 세상에서 가장 많은 금은보석이 있었던 곳에 가장 두려운 심판이 임했다. 초대륙의 동쪽 땅 즉, 가인의 후손이 거주하던 에덴 동쪽 놋 땅이자, 인도 판과 아시아 판 사이의 땅이기도 하며, 쐐기 모양의 암석판이었던 그 땅은 깨지고 침강되어 지상에서 완전히 사라져 버렸다. 그 결과 침강된 판에 의해 끌어당겨진 인도 판이 비슷한 밀도의 아시아 판 밑으로 침강하며 충돌하여 드높고 드넓은 히말라야 산맥과 티베트 고원을 형성하였고, 태평양 주변부는 격렬한 지각 변동을 겪으며 불의 고리가 되었다.

 "하나님이 노아에게 이르시되 모든 혈육 있는 자의 포악함이 땅에 가득하므로 그 끝 날이 내 앞에 이르렀으니 내가 그들을 **땅과 함께 멸하리라**(창세기 6장 13절)"

후 800년을 지내며 자녀들을 낳았으며 그는 930세를 살고 죽었더라(창세기 5:3~5)
셋은 105세에 에노스를 낳았고 에노스를 낳은 후 807년을 지내며 자녀들을 낳았으며 그는 912세를 살고 죽었더라
(창세기 5:7~8)
씰라는 두발가인을 낳았으니 그는 구리와 쇠로 여러 가지 기구를 만드는 자요(창세기 4:22)
당시의 땅에는 네피림(장부)이 있었고 … 그들은 용사라 고대에 명성이 있는 사람들이었더라(창세기 6:4)

2000년까지 확인된 지구상의 크레이터는 200개 정도이다. 가장 큰 크레이터는 직경이 300㎞에 이르는 남아프리카공화국의 브레데포트이며, 다음으로 캐나다의 서드배리(직경 250㎞)와 멕시코의 칙슬루브(직경 180㎞)가 그 뒤를 잇는다. 칙슬루브 크레이터는 멕시코 유카탄 반도 표면 아래, 약 1.6㎞의 두께를 갖는 퇴적층으로 덮여 있다. 이렇게 거대한 크레이터가 남으려면 운석의 지름이 10㎞는 되어야 한다. 에베레스트산보다 더 큰 돌이 총알보다 빠른 속도로 날아와 지구를 때렸다는 것이다.

지름 10㎞의 운석이 초속 20㎞로 지구에 부딪쳤을 때를 가정하여 산출한 위력은 실로 가공할 만하다. 충돌 시의 에너지양은 수소 폭탄 170개를 한꺼번에 터트렸을 때의 약 1억 메가톤 에너지와 맞먹고, 진도 8 지진의 1,000배에 해당하며, 핵전쟁에서 핵겨울을 일으키는 에너지 5,000메가톤의 2만 배이다.[247] 충돌에 의해 만들어질 거대한 원형 자국인 크레이터는 깊이가 지하 약 40㎞, 직경은 200㎞에 이른다.[248] 경악스럽게도 운석이 순간적으로 땅에 낸 구멍은 지구의 맨틀을 뚫을 정도가 넘는다. 돌멩이를 던져 넣은 연못의 표면처럼 땅이 출렁거리며 우르릉거렸을 것이다. 이때 충돌한 운석 질량의 두 배에 가까운 엄청난 양의 먼지가 순식간에 대기권으로 솟구쳐 올라가 성층권까지 도달하여 지구 전체 상공을 덮어 버린다.[249] 대부분의 먼지는 곧 지상으로 떨어지겠지만 미세한 먼지는 오랫동안 대기 중에 남아 지구를 어둠에 싸이게 할 것이다. 또한 운석이 충돌했을 때 생긴 열에 의해서든, 충돌 후 낙뢰에 의해서든 상상을 초월하는 화재가 발생하게 된다.

이리듐은 지구 내부의 핵에 많이 함유된 백금속 원소로 지각에는 거의 존재하지 않지만, 대부분의 운석이나 혜성에 상당량 들어 있다. 지름 10㎞가량의 운석이 충돌한다면 많은 양의 이리듐이 사방으로 흩뿌려져 특정 지층에 쌓일 것이다. 따라서 특정 지층에서 검출되는 이리듐 이상치는 운석 충돌 혹은 거대 화성암 지대와 같은 대규모 화산 분출의 증거가 된다.

하부의 하얀 석회암층 바로 위에 확연히 구분되는 검은색의 얇은 점토가 쌓인 지층의 경계(K-T경계)가 이탈리아, 덴마크, 뉴질랜드 등 세계 100여 군데에서 발견된다. 검은색 점토층에는 지각에 비해 100배 이상의 이리듐이 포함되어 있다.[250] 이리듐 이상이다. 시료에 따라서 이리듐의 이상치가 평균치의 300배 또는 500배가 넘는 것도 있다.[251] 그리고 운석이 충돌할 때 생기는 것과 같은 무지막지한 압력에서만 형성될 수 있는 석영 파편이 문제의 점토층에서 발견되기도 한다.

1883년 폭발한 화산 크라카토아를 가져다가 그 일이 두세 번이나 열 번 더가 아니라 50만 번 더 한꺼번에 일어나도록 하면, 초대형 크레이터를 만든 충돌의 위력에 근접하기 시작한다.[252] 운석은 누가 한 번만 더 걷어차 주기를 기다리며 에워싸고 있던 화산계를 세게 걷어찼다. 충돌 뒤에, 지구의 뜯어진 솔기마다 불이 붙어 별처럼 많은 화산이 터졌을 것이다. 거대한 초대륙을 깨뜨린 신호탄이었는지, 깨뜨려진 대륙과 충돌하여 격변을 강화한 것인지는 모르지만, 운석 충돌은 충분한 망치의 역할을 하였고 그 흔적이 고스란히 남아 있다.

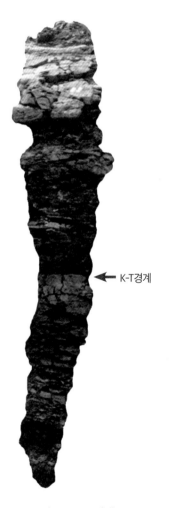

← K-T경계

그림17-12. K-T경계

방사능 연대 측정법

방사성 원소는 외부 온도나 압력 변화에 상관없이 일정한 속도로 붕괴하며, 그 붕괴 속도는 원래 존재했던 방사성 원소의 원자 수에 비례한다. 즉, 방사성 붕괴반응은 $dN/dt=-\lambda N$을 따른다. 이 미분방정식의 해는 다음과 같다.

$N=N_0(\frac{1}{2})^{\frac{t}{T}}$ 여기서 T는 방사성 원소의 반감기, N_0는 초기($t=0$)에 존재한 방사성 원소의 원자수이다. 방사성 물질의 양이 반으로 줄어드는 데 걸리는 시간을 반감기라고 한다. 방사성 원소들은 각각 고유의 반감기를 가진다. 알려진 방사성 동위원소들의 반감기는 10^{-7}초에서 10^{18}년 사이에 다양하게 존재한다. 의학에서 이용되는 반감기는 적어도 수 시간은 되어야 하며, 수일 또는 수주, 특히 치료에서는 수년까지도 있다. 반감기를 아는 방사성 원소의 부모 원자핵과 이들의 방사성 붕괴로 만들어진 딸 원자핵의 개수를 측정하면, 이들 자료로부터 얼마나 되는 기간 동안 방사성 붕괴가 일어나고 있었는지를 계산할 수 있다. 방사성 원소는 다방면에서 널리 사용되고 있으며 특히 과거를 연구하는 분야의 도구로 쓰인다. 대표적인 방사성 동위원소를 이용한 연대 측정 방법으로 방사성 탄소 연대 측정법과 칼륨-아르곤 연대 측정법이 있다.

방사성 탄소 연대 측정법

층을 이루는 대기권은 지구에서 생물들이 살 수 있도록 온도를 유지시켜 주고, 태양과 태양계 밖으로부터 오는 강한 에너지의 원자핵(전자가 제거된 원자, 우주선)들을 막아 낸다. 대기권보다 앞서서 우주선을 막아 주는 보호막이 하나 더 있다. 바로, 지구 자기장이다. 지구는 북쪽이 자기적으로 S극인 거대한 자석이다. 나침반이 가리키는 북극은 그린란드 북서쪽에 있으며, 남극은 남극 대륙에 있다. 거대한 지구자석이 만드는 지구 자기장에 의해, 태양과 태양계 밖에서 날아오는 수많은 전기전하를 띤 입자(우주선)들의 경로가 휘어져 지구를 빗겨나가게 된다.

대기권과 지구 자기장이 우주선을 완전히 차단하지는 못한다. 우주선 입자들은 운동 에너지가 엄청나게 크기 때문에 원자핵들이 충돌을 겪으면서 다른 종류로 변할 수 있다. 우주선의 이동 속도가 충분히 빠르면, 충돌과 동시에 튀어나온 파편들도 높은 운동 에너지를 갖게 되어 격렬한 2차 충돌이 일어난다.[253] 이때 원자핵과 소립자들 그리고 원자핵에 속박되지 않은 자유 중성자가 생성되어 지표면을 향해 소나기처럼 쏟아진다.[254] 이 중성자들은 한동안 대기 속을 방랑하다가 보통 질소 원자핵(^{14}N)에 달라붙는다. 중성자가 질소 원자핵에 달라붙으면 양성자는 7개, 중성자는 8개가 되면서 원자핵이 몹시 불안정해진다. 그래서 곧바로 양성자 하나를 토해 내고 탄소-14(^{14}C)로 전환된다.

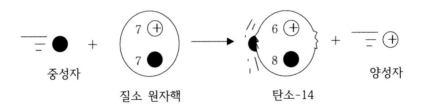

높이 9~15km의 대기 상층부에서 생성된 탄소-14는 산소 분자와 결합해 이산화탄소가 된다. 그리고 대기의 대류에 의해 위아래로 섞이면서 지표 부근까지 내려온다. 탄소-14(^{14}C)를 포함한 이산화탄소 분자(^{14}CO$_2$)는 광합성에 의해 식물로 흡수되거나 바닷물에 녹아 자연계 내 모든 천연 물질 속으로 들어간다. 모든 생물은 호흡과 음식물을 통해 탄소-14를 흡수하고 있다. 그런데 탄소-14는 우주선에 의해 대기 중의 질

소가 전환된 불안정한 원소이므로 방사선의 일종인 베타선을 방출하고 다시 질소로 돌아간다. 이런 성질 때문에 탄소-14를 '방사성 탄소'라고 부른다. 우리가 숨 쉬는 가장 깨끗한 공기도 우주선의 충돌로 인해서 방사능을 가지게 된 것이다.

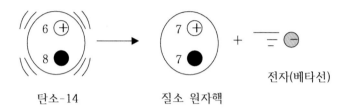

탄소-14　　　　　　　質소 원자핵

전자(베타선)

나무, 목초, 얼룩말, 사자, 사람 등 모든 생명체는 살아 있는 동안 호흡과 음식물 섭취를 통해 자신의 탄소 원자를 대기 중의 탄소 또는 다른 생명체와 꾸준히 교환하고 있다. 대기 중에 있는 대부분의 탄소는 탄소-12이고, 탄소-14의 양은 대기 중 총 탄소의 $\frac{1}{10^8}$에 불과하다. 탄소-14의 화학적 특성은 탄소-12와 거의 동일하기 때문에 교환을 거듭하며 생태계 전역에 걸쳐 골고루 퍼진다. 그러므로 동시대에 살고 있는 모든 동물과 식물은 대기 중의 탄소에 섞여 있는 탄소-14의 비율과 거의 동일한 비율로 자신의 몸속에 탄소-14를 간직하고 있다. 생물이 죽으면 더 이상 호흡을 하거나 먹을 수 없으므로, 탄소-14의 체내 공급이 중단된다. 그리고 생물체의 몸속에서 탄소-14는 방사선을 방출하고는 다시 질소로 되돌아간다. 따라서 생물이 죽어 있었던 시간이 길면 길수록 몸속에 남아 있는 탄소-14의 양은 줄어든다.

방사성 탄소 연대 측정법은 현존하는 동물이나 식물의 방사능을 측정하고, 이것과 옛날에 죽은 유기물의 방사능을 측정하여 비교하는 것이다. 예를 들어 만약 옛날 도끼자루에서 측정한 방사능이 지금 살아 있는 나무에서 나오는 방사능의 반밖에 되지 않는다면, 도끼자루가 탄소-14의 반감기인 5,730년쯤 전에 만들어졌다고 얘기하는 것이다. 대기 중에서 방사능을 내는 탄소의 양이 어느 시대에나 일정하다는 가정이 성립한다면, 방사성 탄소 연대 측정법을 통해 간단하고 정확하게 생물의 현재까지 나이를 추정할 수 있다.

대기 중에 있는 방사성 탄소의 양은 여러 가지 요인의 영향을 받으며 변한다. 대기 중의 탄소-14 함유량은 지구 자기장의 영향을 받는다. 지구 자기장이 강해지면 우주선의 대부분이 진로를 바꿔 우주공간 너머로 사라진다. 반대로 자기장이 약해지면 그만큼 대기 상층부로 진입하는 우주선이 많아지고 질소와 충돌하는 중성자가 늘어나므로 방사성 탄소도 많이 생성된다. 태양의 변화에도 민감하게 반응하여 태양의 이례적인 활동이 일어난 시기에 탄소-14의 양이 크게 늘어난다. 또한 탄소-14가 바닷속으로 들어가면서 줄어들거나 생명체가 죽을 때마다 조금씩 줄어든다. 죽은 생명체는 흡수했던 탄소-14를 다시 대기 중으로 배출하지 못하기 때문이다.

대기 중 방사성 탄소의 양이 변하는 여러 요인에도 불구하고 지구를 향해 끊임없이 쏟아져 들어오는 우주선은 대류권 상층부에 탄소-14를 계속 보충해 준다. 기후가 안정을 되찾은 이후, 대기와 생명체의 탄소-14 함유량이 어느 정도 일정한 수준으로 유지되었다. 역사 이래로 대기 중에서 방사능을 내는 탄소의 양이 어느 시대에나 일정하다는 가정이 오차 범위 내에서 성립한다. 그러나 대홍수 이전의 시대는 다르다. 노아홍수 이전에는 대기권에 '궁창 위의 물'이 있었다. '궁창 위의 물'은 그토록 거대한 목긴공룡이 살 수 있도록 기후를 조절하면서, 우주선을 막아 주는 최종 보호막이었다. 따라서 대기 중에서 방사능을 내는 탄소-14의 양이 현재와 비교하여 현저하게 적었다. 즉, 대홍수 이후 안정을 찾은 기간 내에서는 탄소-14를 이용하여 연대를 측정할 수 있지만, '궁창 위의 물'이 대기권, 지구 자기장과 더불어 우주선 차단막 역할을 완벽히 수행했던 시대에 대해 탄소-14는 고장 난 시계일 뿐이다.

칼륨-아르곤 연대 측정법

대부분의 칼륨은 칼륨-39로 양성자 19개, 중성자 20개이고 지극히 안정적인 원소이다. 그러나 칼륨의 0.01%는 양성자 19개, 중성자 21개인 칼륨-40의 형태로 존재하며 매우 불안정한 상태에 있다. 칼륨-40의 중성자 하나가 자발적으로 양성자로 변하는 베타붕괴를 일으키면, 원자핵이 칼슘-40(양성자 20개와 중성자 20개)으로 변한다. 그런데 칼륨-40의 약 10%는 조금 다른 방식으로 붕괴된다. 원자핵이 전자 하나를 포획하여 양성자 하나가 중성자로 변환되고, 원자핵은 아르곤-40(양성자 18개, 중성자 22개)으로 변하는 것이다.

칼륨-40은 화산암의 연대 측정에 쓰인다. 온도가 매우 높고 반액체 상태인 용암에서는 모든 분자들이 격렬하게 움직이며 이웃한 분자를 교란시킨다. 따라서 아르곤과 같은 **불활성 기체**[23]는 용암으로부터 쉽게 이탈한다. 액체였던 용암이 고체로 식기 전에 용암 안에 있던 모든 아르곤이 대기 중으로 탈출했다면, 갓 형성된 화산암에는 이론적으로 아르곤이 전혀 없을 것이다. 그리고 화산암에는 소량의 칼륨-40이 있다. 시간이 흐르면서 바위 속에 갇힌 소량의 칼륨-40이 서서히 붕괴하여 아르곤-40이 된다. 단단한 바위를 이루는 분자들이 견고한 격자 형태로 나열되어 아르곤 원자를 가두는 철장 역할을 하기 때문에, 바위 속에 들어 있는 아르곤 원자는 쉽게 탈출할 수 없다.

예를 들어, 어떤 지질학자가 10마이크로그램의 칼륨-40과 1마이크로그램의 아르곤-40이 함유되어 있는 화산암을 발견했다고 가정해 보자. 바위가 생성되던 무렵에 아르곤이 전혀 없었다면, 이 데이터는 바위가 생성된 후 지금까지 1마이크로그램의 칼륨-40이 아르곤-40으로 붕괴하였음을 의미한다. 그런데 칼륨-40의 10%만이 아르곤-40으로 붕괴하므로 바위가 생성된 후 지금까지 붕괴된 칼륨-40의 양은 10마

---

23) **불활성 기체**: 불활성 기체는 극단적인 환경이 아닌 한, 다른 원소와 화학 반응을 하지 않는 독특한 성질을 가지고 있다. 이들이 다른 원소들과 주고받는 상호 작용이란 원자들끼리 부딪친 후 도로 튀는 것뿐이다.

이크로그램이다. 즉 원래 바위에는 총 20마이크로그램의 칼륨-40이 있었으며, 생성 후 지금까지 절반이 붕괴하였다. 따라서 바위의 나이는 칼륨-40의 반감기와 같은 1억 2,800만 년이라는 결론이 내려진다.[255]

칼륨-아르곤 연대 측정법이라 불리는 이 과정은 화산암의 연대를 측정하는 간단하고도 우아한 방법이다. 단, 바위가 처음 생성되었을 때 아르곤-40의 양이 0마이크로그램이라는 가정이 성립해야 한다. 하지만 바위에 함유된 아르곤-40은 다양한 원인에 의해 오염되어 바위가 생성된 시점부터 존재할 수 있다. 용암이 물속에서 식어 굳어지면서 아르곤-40이 대기 중으로 탈출하지 못하고 화산암에 남을 수 있다. 또는 용암 속에 녹지 않은 바위가 일부 섞여 바위가 처음 생성될 때부터 아르곤-40을 함유할 수도 있다.[256] 화산암에 존재하는 아르곤-40의 처음 양이 '0'이 아니라면, 계산 결과는 당연히 사실에서 벗어난다. 마이크로그램 단위의 극소량을 측정하는데 칼륨-40의 반감기가 1억 2,800만 년이므로, 아르곤-40의 초기 함유량 때문에 연대로서 전혀 의미 없는 수치가 되고 만다. 용암에 함유되었던 아르곤-40이 대기 중으로 완전히 탈출하지 못하고 조금이라도 남아 화산암이 되었다면, 칼륨-아르곤 연대 측정법의 연대 산출치는 단지 화산암의 생성 환경을 유추할 수 있는 자료로서 유용할 뿐이다.

용암 안에 있던 아르곤-40이 모두 공기 중으로 100% 탈출했을 것이라는 가정은 대격변의 현장에서 성립할 수 없다. '궁창 위의 물'이 쏟아져 내려 당시의 완만했던 온 땅을 덮었고, '큰 깊음의 샘들'이 터지며 초대륙이 깨어져 충돌하거나 침강하고 밀려나 6대주가 되었다. '땅을 멸한 홍수'는 한마디로 특이점이다. 따라서 칼륨-아르곤 연대 측정법뿐만 아니라 어떤 방사성 원소를 이용한 연대 측정법이라고 해도, 초기 조성이 다른 노아홍수 이전의 세계를 가늠할 수는 없다.

아담은 130세에 자기의 모양 곧 자기의 형상과 같은 아들을 낳아 이름을 셋이라 하였고 아담은 셋을 낳은 후 800년을 지내며 자녀들을 낳았으며 그는 930세를 살고 죽었더라

셋은 105세에 에노스를 낳았고 에노스를 낳은 후 807년을 지내며 자녀들을 낳았으며 그는 912세를 살고 죽었더라

에노스는 90세에 게난을 낳았고 게난을 낳은 후 815년을 지내며 자녀들을 낳았으며 그는 905세를 살고 죽었더라

게난은 70세에 마할랄렐을 낳았고 마할랄렐을 낳은 후 840년을 지내며 자녀들을 낳았으며 그는 910세를 살고 죽었더라

마할랄렐은 65세에 야렛을 낳았고 야렛을 낳은 후 830년을 지내며 자녀를 낳았으며 그는 895세를 살고 죽었더라

야렛은 162세에 에녹을 낳았고 에녹을 낳은 후 800년을 지내며 자녀를 낳았으며 그는 962세를 살고 죽었더라 …

라멕은 182세에 아들을 낳고 이름을 노아라 하여 이르되 여호와께서 땅을 저주하시므로 수고롭게 일하는 우리를 이 아들이 안위하리라 하였더라 라멕은 노아를 낳은 후 595년을 지내며 자녀들을 낳았으며 그는 777세를 살고 죽었더라

노아는 500세 된 후에 셈과 함과 야벳을 낳았더라 … (창세기 5장)

홍수 후에 노아가 350년을 살았고 그의 나이가 950세가 되어 죽었더라 …

셈의 족보는 이러하니라 셈은 100세 곧 홍수 후 2년에 아르박삿을 낳았고 아르

박삿을 낳은 후에 500년을 지내며 자녀를 낳았으며

아르박삿은 35세에 셀라를 낳았고 셀라를 낳은 후에 403년을 지내며 자녀를 낳았으며

셀라는 30세에 에벨을 낳았고 에벨을 낳은 후에 403년을 지내며 자녀를 낳았으며

에벨은 34세에 벨렉을 낳았고 벨렉을 낳은 후에 430년을 지내며 자녀를 낳았으며

벨렉은 30세에 르우를 낳았고 르우를 낳은 후에 209년을 지내며 자녀를 낳았으며

르우는 32세에 스룩을 낳았고 스룩을 낳은 후에 207년을 지내며 자녀를 낳았으며

스룩은 30세에 나홀을 낳았고 나홀을 낳은 후에 200년을 지내며 자녀를 낳았으며

나홀은 29세에 데라를 낳았고 데라를 낳은 후에 119년을 지내며 자녀를 낳았으며

데라는 70세에 아브람과 나홀과 하란을 낳았더라

데라는 나이가 205세가 되어 하란에서 죽었더라 … (창세기 9장, 11장)

아브라함의 향년이 175세라 … (창세기 25장)

이삭의 나이가 180세라 … (창세기 35장)

야곱이 … 그의 나이가 147세라 … 죽을 날이 가까우매 … (창세기 47장)

아론이 호르 산에서 죽던 때의 나이는 123세였더라 … (민수기 33장)

모세가 죽을 때 나이 120세였으나 … (신명기 34장)

눈의 아들 여호수아가 110세에 죽으매 … (여호수아 24장)

우리의 연수가 70이요 강건하면 80이라도 그 연수의 자랑은 수고와 슬픔뿐이요 신속히 가니 우리가 날아가나이다 (시편 90편)

거대 화성암 지대에서 공기와 해양으로 방출된 엄청난 부피의 이산화탄소, 이산화황 등의 화산가스, 흘러넘치는 용암의 열기, 운석 충돌, 고온의 바다, 넘치는 대양, 해양 산성화, 극심한 바람, 빙하, …. 땅을 멸한 홍수는 첫 땅을 온전히 파괴했다. 그

리고 결국 재해가 찾아들었다. 땅이 마르고 방주의 문이 열렸다. 노아와 그의 가족이 완전히 변한 땅에 첫발을 내디뎠다. 한때 그처럼 완전하게 아름다웠던 산과 언덕들이 파괴되고 평지였던 곳에 산맥이 생겼다. 보이는 것만 바뀐 것이 아니다. 그들이 숨 쉬는 공기, 마시는 물도 모두 예전 같지 않았다. 완전히 바뀐 세계에서 다시 삶이 시작되었다.

대홍수 직후, 대기와 토양에서 뿜어져 나오는 방사선의 양은 현재와 비교할 수 없을 정도로 심각했다. 먹고 마시고 숨 쉬는 모든 것에 방사성 원소들이 상당량 포함되어, 생물의 세포와 DNA를 손상시켰다. 가장 섬세하고 완벽하게 설계되었던 DNA에 변형이 일어났다. 그래서 방주에서 나온 사람들과 모든 동물들은 몇 대를 못가서 눈에 보이는 급격한 변화를 겪었다. 성경에 기록된 대로 사람의 수명이 줄어들었다. 600세에 홍수를 맞은 노아는 이전 세대들처럼 950세까지 살았지만, 100세 즈음에 홍수를 맞은 셈은 600세를, 홍수 이후에 태어난 자손들은 400세, 200세를 거쳐 10대가 지나기도 전에 200세를 넘기지 못하였다. 수명이 줄어든 만큼 체력과 지력도 저하되었다.

❶ 화석 포유동물

화석 동물이 비슷한 종류의 현생 동물보다 체격이 크고 위용이 대단한 것은 홍수 이전의 세계가 그만큼 살기 좋은 곳이었기 때문이다. 동물마다 손상되지 않은 DNA를 가지고 있었고 같은 종류라도 발현되는 특성이 다양했을 것이다. 화석을 통해 첫 땅을 거닐었던 거대한 동물들의 모습을 상상할 수 있다.

유럽과 북아시아, 북아프리카에서 거대한 사슴 화석이 발견되었다. 메갈로케로스는 현재까지 통틀어 가장 뿔이 큰 사슴 화석으로, 어깨높이가 2m이고 뿔 끝에서 끝 사이의 거리가 3m 60㎝이다. 메갈로케로스를 아일랜드큰사슴이라고도 부른다. '아일랜드'라는 지명이 이름에 붙은 것은 처음 발견된 곳이 아일랜드일 뿐만 아니라 지금까지 발견된 화석 대부분을 아일랜드의 호수 퇴적층과 **토탄지**[24]에서 건져 냈기 때문이다.

그림18-1. 메갈로케로스 화석

글립토돈은 아르마딜로와 비슷하게 생겼지만 아르마딜로와는 비교도 되지 않을 만큼 거대한 화석 동물이다. '갑옷을 걸친 작은 동물'이라는 뜻의 아르마딜로는 북아메리카 남부와 중남아메리카의 건조 지대에 20여 종이 분포하는 포유류이다. 몸길이는 40~70㎝이며 갑옷 모양의 많은 골판으로 덮여 있다. 등딱지가 아코디언처럼 마디를 따라 굽혀져서 적을 만나면 몸을 둥글게 말아 갑옷 속에 숨는다. [그림18-2]를 보면 두 동물의 크기 차이가 분명하다. 글립토돈은 갑옷을 둘렀다기보다는 거대한 헬멧에 들어간 것처럼 보인다. 이 화석 동물의 몸길이는 3m이고 몸높이가 1.5m에 이른다. 글립토돈은 머리부터 꼬리까지 몸 전체가 1,000여 개의 두꺼운 골갑으로 둘러싸여 있다. 거북의 등딱지와 같이 마디가 없어서 골갑을 구부릴 수 없다. 두개골 윗부분에 뼈로 된 판이 발달해 있고 꼬리를 둘러싼 골판은 뾰족하게 돋아 있다.

---

24) **토탄**: 느슨하며 고결되지 않은 부분적으로 부패된 식물의 갈색 덩어리로 석탄의 선구 물질이다.

그림18-2. 글립토돈 화석(위)과 아르마딜로(아래)

18세기 말 남아메리카에서 거대한 땅늘보 화석, 메가테리움이 발견되었다. 메가테리움은 몸길이 6m, 수직 높이 4m이고, 몸무게가 3톤에 달했을 것으로 추정된다. 이 거대한 땅늘보 화석에서 가장 주목할 것은 그 뼈의 육중함이다. 뼈들은 공룡과 맞먹을 정도로 크다. 커다란 앞발과 뒷발에는 갈고리 모양의 발톱이 각각 3개씩 있다. 날카롭고 커다란 발톱을 한때 육식동물의 것으로 오해하여 '거대한 발톱'이라는 뜻의 메갈로닉스라고 부르기도 했다.

[그림18-3]처럼 메가테리움은 튼튼한 꼬리를 지면에 붙이고 강한 뒷다리를 이용해 두 발로 섰다. 대형 땅늘보

그림18-3. 메가테리움 화석

의 발자국 화석을 통해, 이 동물이 뒷발에 몸무게를 싣고 똑바로 걸었음을 알 수 있다. 몸을 세우고 일어서면 커다란 앞발을 자유롭게 사용할 수 있게 된다. 갈고리 모양의 날카로운 앞발톱으로 나뭇가지를 끌어내리거나 나무껍질을 벗겨 냈을 것이다. 미국 남서부의 건조한 동굴에서 거대한 발톱과 다량의 땅늘보 배설물 화석이 나왔다. 화석화된 배설물로부터 약 72종의 식물이 확인되었다. 메가테리움은 그만큼 다양한 종류의 식물을 섭취하며 거대한 몸집을 유지한 것이다.

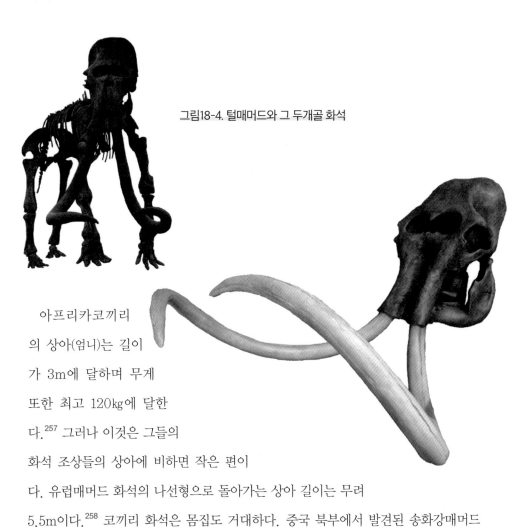

그림18-4. 털매머드와 그 두개골 화석

아프리카코끼리의 상아(엄니)는 길이가 3m에 달하며 무게 또한 최고 120kg에 달한다.[257] 그러나 이것은 그들의 화석 조상들의 상아에 비하면 작은 편이다. 유럽매머드 화석의 나선형으로 돌아가는 상아 길이는 무려 5.5m이다.[258] 코끼리 화석은 몸집도 거대하다. 중국 북부에서 발견된 송화강매머드 화석의 어깨높이는 5.2m에 이른다. 매머드는 몸통이 짧고 높은 편이다. 어깨가 엉덩이보다 많이 높아서 등의 선이 전체적으로 뒤로 기울어져 있다.

나선형으로 굽은 매머드 상아를 비롯하여 코끼리류 화석의 상아 형태는 놀랍도록 다채롭다. 상아가 직선에 가까운 형태로 앞을 향해 곧게 뻗은 코끼리 화석을 마스토돈이라고 한다. 그리스, 마케도니아 지방의 모래못에서 파낸 마스토돈 화석은 곧게 뻗은 5.02m의 오른쪽 상아와 4.58m의 왼쪽 상아를 갖고 있다.[259] 마스토돈의 어깨 높이는 3.5m 정도이며, 앞으로 뻗은 긴 상아와 균형이 맞도록 몸통이 길고 낮은 편이다.

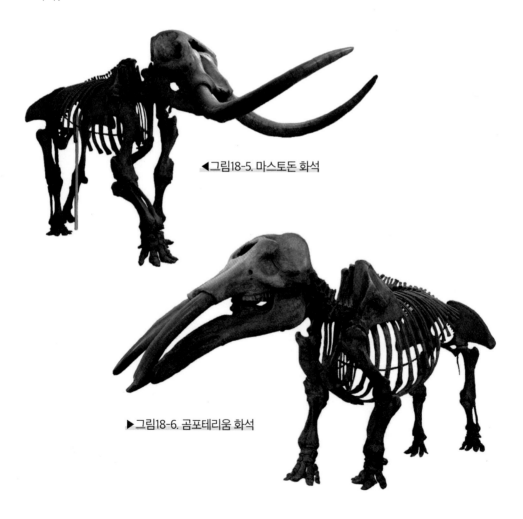

◀그림18-5. 마스토돈 화석

▶그림18-6. 곰포테리움 화석

곰포테리움 화석[그림18-6]의 상아는 직선에 가깝게 앞으로 뻗어 있으며 아래쪽으로 약간 휘어 있다. 아래턱이 앞쪽으로 길게 돌출해 있고, 아래턱 끝부분에 한 쌍의 짧은 상아가 있다. 위, 아래턱의 상아는 어느 정도 맞물리도록 되어 있는데, 식물을 모으는 역할을 했을 것으로 짐작된다.

위턱의 상아가 몸 바깥쪽으로 자라나는 다른 많은 코끼리류와 달리 데이노테리움 화석[그림18-7]의 상아는 아래턱으로부터 몸 안쪽을 향한다. 상아가 닳아 있는 흔적들은 그것들이 나무껍질을 벗기는 데 사용되었음을 말해 준다.[260] 어깨높이가 4m이고, 오늘날의 아프리카코끼리와 비슷한 크기이다.

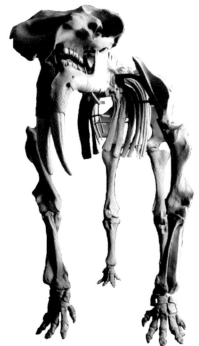

그림18-7. 데이노테리움 화석

플라티벨로돈 화석[그림18-8]은 부삽 모양으로 생긴 넓적한 아래턱과 위턱의 짧은 상아가 돋보인다. 이런 특이한 모습의 아래턱과 상아는 늪지대의 얕은 바닥을 훑으면서 먹이를 건져내는 용도로 사용되었을 것이다.

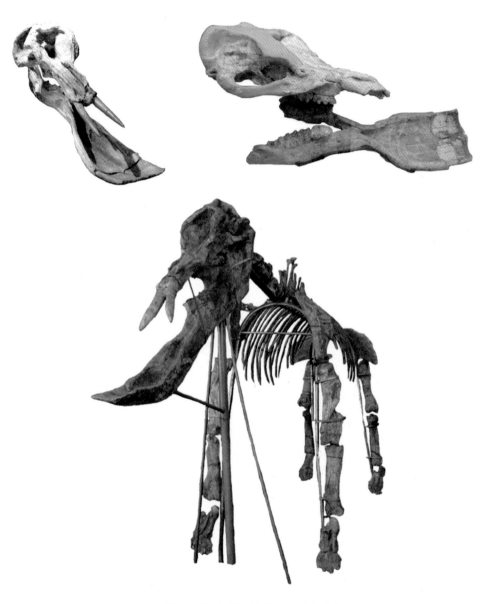

그림18-8. 플라티벨로돈과 그 두개골 화석

그림18-9. 파라케라테리움 화석

현존하는 5종의 코뿔소 중에서 가장 몸집이 큰 것은 몸길이 4m, 어깨높이 1.8m 그리고 몸무게가 3톤에 달하는 흰코뿔소이다. 여느 동물의 화석처럼, 코뿔소류 화석도 오늘날의 코뿔소보다 거대하다. 몽골 흐산다골에서 출토된 거대 코뿔소 화석, 파라케라테리움은 몸길이가 8m에 이르고 키는 6m, 추정 몸무게가 무려 20톤이다.[261] 이 동물에 비하면 코끼리조차 왜소하게 보인다. 두개골도 매우 커서, 그 길이가 1.5m를 넘는다. 육중한 몸집에 비해 다리가 길고 비교적 가늘며 발가락뼈도 길다.[262] 윗앞니가 돌출되어 있고, 목이 길어 나무 꼭대기 줄기에 매달린 잎까지 뜯어 먹을 수 있었다.

코뿔소류 화석은 크기뿐만 아니라 생김새도 다양하다. 앞이마에 길이 2m의 큰 뿔한 개가 솟아 있는 엘라스모테리움 화석이 유럽과 아시아에서 발견되었다. 유난히 긴뿔 때문에 엘라스모테리움은 '대형 일각수'라고 불린다. 시베리아 동토에 동결 상태로 묻혀 있던 털코뿔소 화석[그림18-10]은 특별히 크게 발달한 어깨를 갖고 있다. 털코뿔소의 콧등에는 크기가 서로 다른 두 개의 커다란 코뿔이 있는데, 그중 앞뿔의 길이가 1m에 달한다.

그림18-10. 털코뿔소 화석

코뿔소와 비슷하게 생긴 포유류 화석들을 볼 수 있다. 이집트 서부의 사막 끝자락, 파이윰에서 나온 아르시노이테리움 화석[그림18-11]은 코뼈 위에 두 개의 커다란 코뿔이 있고, 눈 바로 위쪽에 작은 한 쌍의 뿔이 솟아 있다. 나란히 뻗은 커다란 두 개의 코뿔이 시야를 막아 정면을 볼 수 없었다. 북아메리카와 아시아에서 발견된 브론토테리움 화석[그림18-12]의 Y자형 코뿔도 매우 인상적이다.

◀그림18-11.
아르시노이테리움 화석

그림18-12. 브론토테리움과 그 두개골 화석

현재 비슷한 종류의 포유류가 없는 화석들도 많다. 미국 서부 와이오밍에서 발견된 우인타테리움 화석은 길고 납작한 두개골에 뭉뚝한 3쌍의 돌기가 봉처럼 솟아 있다. 그리고 [그림18-13]에서 볼 수 있듯, 납작하고 긴 송곳니가 위턱에서 아래로 뻗어 있

다. 턱을 다물었을 때, 긴 송곳니가 부러지지 않도록 보호하기 위해 송곳니와 맞닿는 아래턱뼈 앞쪽 부분이 아래로 길게 발달하였다. 우인타테리움의 몸길이는 3.5~4m이고 추정 몸무게가 3톤이다. 주로 물가에서 생활하며 길고 납작한 송곳니를 이용하여 부드러운 수생 식물을 먹었을 것으로 추

그림18-13. 우인타테리움 화석

정된다.

칼리코테리움 화석은 강력한 앞다리가 뒷다리보다 길고, 앞발가락 끝에는 구부러진 발톱이 달려 있다. 걸을 때 발톱이 땅에 닿지 않도록 발가락을 들어 올렸을 것이다. 칼리코테리움은 뒷다리로 일어서서 유연하고 긴 목을 위로 뻗으며 고개를 높이 들어 나뭇가지에 닿을 수 있었다. 앞발의 구부러진 발톱은 땅을 파거나 나뭇가지를 아래로 당기는 용도로 쓰였을 것이다.

팔레오파라독시아 화석은 널따랗고 육중한 몸체와 넓은 발가락이 인상적이다. 뭉뚝하고 넓은 발가락은 헤엄칠 때 지느러미발로 사용되었다.

그림18-14. 칼리코테리움 화석

팔레오파라독시아는 엄니 같은 앞니와 원통형의 씹는 이빨로 수생식물을 먹었을 것이다.

그림18-15. 팔레오파라독시아 화석

대홍수 이후, 거대한 몸집을 유지시켜 줄 수 있는 풍성한 식탁과 쾌적한 기후가 사라진 지구에서 많은 동물이 멸종되었다. 반면에 수많은 동물들이 비록 이전처럼 강하고 멋진 모습을 잃어버리긴 하였지만, 바뀐 환경에 적응하며 번성하였다.

❷ 진화

종류대로 암수 둘씩 또는 일곱씩 방주에서 나온 동물들은 이동과 생존의 능력이 허용하는 한 넓게 퍼져 나갔다. 긴 남북 방향의 해안선이 열대에서부터 거의 양극까지 펼쳐져 있는 지금의 배치 방식으로, 남아메리카와 북아메리카는 똑바로 서서 거의 모든 위도를 가로지른다. 이 배열은 여전히 기후가 안정되지 않은 상태로 빙하기를 들락거리는 까다로운 기후를 헤쳐 나가려 애쓰는 동물에게는 다행스런 것이었다. 동물 대부분이 그저 성큼성큼 대륙을 오르내리며 서식 범위를 옮겨 더 좋아하는 기후를 뒤쫓을 수 있었다. 그리고 눌러 앉은 지역에서 세대를 거듭하며 유전자형의 변이와 표현형의 차이가 생존능력과 번식력의 차이로 이어졌다. 현재보다 유전적 다양성이 다채로웠던 동물들은 극단적인 환경 변화에 능동적으로 대처하였다.

펭귄은 날지 못하고 빨리 달릴 수도 없지만 수영을 잘한다. 그리고 방수와 보온성이 뛰어난 깃털을 갖고 있다. 펭귄은 자신의 특징을 살려 넓게 퍼져 나갔다. 갈라파고스 제도에서 남아메리카, 남아프리카, 오스트레일리아, 뉴질랜드 및 아남극 해역의 제도를 거쳐 남극 대륙에 이르는 지역에 17종의 펭귄이 서식하고 있다. 펭귄들은 생존에 유리한 형질들을 극단적으로 발달시켰고, 그 결과 다양한 펭귄들이 여러 대륙을 아우르며 분포한다.

많은 대양의 섬들이 양서류가 살아가기에 매우 적합한 곳으로 여겨지지만, 대양의 섬에는 양서류가 없는 경우가 흔하다.[263] 이런 동물은 바닷물을 만나면 금방 죽어 버리기 때문에, 양서류가 바다를 건너가는 데 어려움이 있었을 것이다. 태평양 가운데 고립된 하와이 제도에는 파충류와 육상 포유류가 전연 결여되어 있었다.[264] 하지만 어떤 방법을 통해서든 생물이 섬으로 이동할 수만 있다면, 그 생물이 섬에서 서식하는 데 전혀 문제가 없다. 거의 모든 섬에 하늘을 나는 포유류가 있다. 남극을 제외한 전 대륙에 걸쳐 약 1천 종의 박쥐가 다양한 생태적 지위를 차지한다.

대륙에서 섬으로 이동한 동물들은 생활양식에 가장 적합한 신체 특성을 가진 독특한 종으로 분화하였다. 섬에서 서식하는 동물의 대다수는 고유종이며 다른 장소에는 없는 경우가 흔하다. 군도, 제도의 경우 섬의 동물 집단 사이에서 닮았지만 조금씩 다른 특징들을 찾기 쉽다. 닮았으나 조금씩 다른 섬 동물 집단을 대표하는 것이 그 유명한 갈라파고스 제도의 다윈핀치다. 갈라파고스 제도는 10여 개의 큰 섬과 10여 개의 작은 섬으로 구성되어 있는데, 이 섬들은 모두 해저에서 솟아오른 화산의 끄트머리다. 남아메리카 대륙으로부터 서쪽으로 1000㎞ 떨어져 본토와 연결되는 다리도 전혀 없다. 갈라파고스 제도에 서식하는 핀치는 13종이고, 북쪽으로 약 650㎞ 떨어진 코코스 섬에는 코코스핀치가 있다. 이들은 기본적으로 닮았지만, 먹이습성이나 서식지, 기후 차이, 함께 사는 동식물에 따라 부리의 모양이 서로 다르다.

동물은 심신을 쇠약하게 만드는 끝없는 투쟁에 열중하지 않는다.[265] 이것이 개별 종이 존재하게 되는 이유다. 하나의 종은 다른 어느 종도 밀어낼 수 없는 저만의 독특한 생태적 지위를 누리면서 의기양양하게 더불어 살아간다. 다윈핀치들은 다양한 식성으로 서식지를 나눠 가지면서 경쟁을 피했다. 땅핀치는 여러 가지 씨앗과 절지동물을 비롯하여 선인장의 열매와 씨를 땅 위에서 먹는다. 나무핀치는 주로 나무 위에서 지내며 곤충을 먹는다. 채식핀치는 이름에서 그러하듯 채식성이며, 휘파람핀치는 꿀과 여러 종류의 거미, 작은 크기의 곤충을 먹는다. 갈라파고스 제도 울프 섬의 저지대에 서식하는 날카로운부리땅핀치는 부비새의 알을 바위에 부딪쳐 깨먹고, 흡혈도 한다. 13종의 핀치 중 어느 두 종은 도구를 사용한다. 잔가지, 선인장 가시 또는 잎자루를 집어 들고 부리로 잘 다듬어 죽은 나뭇가지의 껍질에 찔러 넣고 곤충의 유충을 캐낸다. 먹이습성이 다양한 만큼 부리 모양도 다양하다. 서로 다른 부리 형태는 움켜잡거나 부수는 등 다양한 크기의 씨앗을 깨뜨리는 동작과 핀치가 이용할 수 있는 먹이 자원들 내에서의 적응이다. 핀치들의 부리 모양은 유전정보에 담겨 있다. 단일유전자 (Bmp-4)가 발현되는 부위와 유전자량에 따라 핀치의 부리 크기, 모양이 다양하게 나타난다.[266]

지금도 여전히 동물들은 환경에 적응하며 산다. 큰가시고기는 지역적인 조건에 대응해서 가시에 변화를 주기도 한다. 생물학자들은 노르웨이 베르겐 인근의 한 못에서 31년도 안 되는 사이에 큰가시고기의 가시 길이에 변화가 일어났음을 기록에 담았다.[267] 알래스카 로버그 호수에서는 불과 12년 만에, 즉 여섯 세대 만에 이런 변화가 일어났다.[268] 트인 물속에서는 가시가 길수록 유리하다. 가시가 길면 포식자가 삼키기 어렵다. 그러나 얕은 물속에서는 가시가 길수록 긴 집게발을 가진 잠자리 유충에게 잡히기 쉬워서 불리하다. 가시 길이를 조절하는 스위치를 켜고 끄는 것은 Pitx1이라는 혹스 유전자의 하나임이 밝혀졌다.

카리브해 바하마 제도에는 갈색아놀도마뱀이라고 불리는 아놀리스 사그레이가 살고 있다. 갈색도마뱀은 낮은 나무 몸통과 식물에서 사는 것을 좋아하며 목가적으로 살았다. 그런데 연구팀이 바하마 정부의 허가 하에 꼬리가 둥글게 말린 육식성 도마뱀을 여러 섬에 고의로 방목했다. 이 공격적인 말린꼬리도마뱀은 뭐든 먹으려 하며 갈색아놀도마뱀을 도망치게 했다. 6개월 후, 과학자들은 갈색아놀도마뱀의 평균 다리 길이가 더 길어졌다는 것을 발견했다. 다리가 긴 갈색아놀도마뱀이 다리가 짧은 개체보다 더 빠르게 도망쳐 생명을 부지하고 번식할 수 있었다. 또다시 6개월 후, 갈색아놀도마뱀을 검사했을 때 6개월 전과 정반대의 결과가 나왔다.[269] 이제는 다리가 긴 아놀도마뱀보다 짧은 다리를 가진 개체가 더 많아졌다. 그사이 갈색아놀도마뱀은 말린꼬리도마뱀으로부터 탈출하는 가장 안전한 행동이 도주가 아니라 땅을 벗어나 나무 위로 피하는 것임을 알아냈다. 나무에서 좁은 나뭇가지를 기어가는데 넓은 땅을 달릴 때와는 다르게 더 짧은 다리가 적합했다. 연구팀이 6개월 대신 1년을 기다려 모집단을 검사했다면 이런 갑작스러운 반전을 관찰할 수 없었을 것이다.

아놀리스는 척추동물속에서 가장 종이 다양하기 때문에 생물학계에서 유명하다. 지금까지 약 400종의 아놀도마뱀이 밝혀졌고, 이 중 다수가 카리브해에 서식하며 상당히 철저하게 연구되었다.[270] 아놀도마뱀의 서식지는 덤불, 공터, 나무등치, 나무 위 등 여러 범주로 나뉜다. 풀밭-덤불아놀도마뱀은 긴 풀 사이를 헤치며 다니기 적합한 날씬하고 가느다란 몸통과 긴 꼬리를 가진 반면에, 나무등치에서 사는 아놀도마뱀은 넓은 나무등치에서 움직이기 위해 사방으로 넓게 벌어진 다리와 납작한 자세를 가졌다. 나뭇가지에 사는 아놀도마뱀은 눈에 띄지 않고 천천히 움직이며 그들이 앉아 있는 나뭇가지와 똑같아 보인다. 나뭇가지아놀도마뱀은 몸 크기에 비해 짧은 다리로 움직인다. 짧은 다리가 긴 다리보다 붙잡고 중심을 유지하기에 더 좋다.[271]

현재 3,700여 종의 도마뱀, 2,900여 종의 뱀, 1,000여 종의 전갈, 3,000여 종의 거미, 그리고 9,000여 종의 새가 있다. 방주에서 나와 흩어진 동물들은 그 종류 내에서 다양하게 분화하여 오늘날과 같이 지역적 특색이 강한 다양한 종을 이루었다. 생명을 지닌 모든 생물들은 창조주의 명령대로 땅을 가득 메웠다.

"하나님이 큰 바다 짐승들과 물에서 번성하여 움직이는 모든 생물을 그 종류대로, 날개 있는 모든 새를 그 종류대로 창조하시니 하나님이 보시기에 좋았더라 하나님이 그들에게 복을 주시며 이르시되 **생육하고 번성하여** 여러 바닷물에 **충만하라** 새들도 땅에 **번성하라** 하시니라… 하나님이 땅의 짐승을 그 종류대로, 가축을 그 종류대로, 땅에 기는 모든 것을 그 종류대로 만드시니 하나님이 보시기에 좋았더라 (창세기 1장 21~25절)"

1   크리스토퍼 맥고원, 『공룡』, 이양준, 이지북, 2011, p.206

2   아드리안 데스몬드, 『공룡은 온혈동물?』, 이병호, 전파과학사, 1996, p.103

3   아드리안 데스몬드, 『공룡은 온혈동물?』, 이병호, 전파과학사, 1996, p.100

4   문대승, 정성곤, 『낯선 원시의 아름다움 도마뱀』, 씨밀레북스, 2013, p.20

5   아드리안 데스몬드, 『공룡은 온혈동물?』, 이병호, 전파과학사, 1996, p.122

6   아드리안 데스몬드, 『공룡은 온혈동물?』, 이병호, 전파과학사, 1996, p.122

7   아드리안 데스몬드, 『공룡은 온혈동물?』, 이병호, 전파과학사, 1996, p.123

8   아드리안 데스몬드, 『공룡은 온혈동물?』, 이병호, 전파과학사, 1996, p.123

9   크리스토퍼 맥고원, 『공룡』, 이양준, 이지북, 2005, p.144

10   크리스토퍼 맥고원, 『공룡』, 이양준, 이지북, 2005, p.139

11   아드리안 데스몬드, 『공룡은 온혈동물?』, 이병호, 전파과학사, 1996, p.100

12   아드리안 데스몬드, 『공룡은 온혈동물?』, 이병호, 전파과학사, 1996, p.101

13   아드리안 데스몬드, 『공룡은 온혈동물?』, 이병호, 전파과학사, 1996, p.106

14   아드리안 데스몬드, 『공룡은 온혈동물?』, 이병호, 전파과학사, 1996, pp.105-106

15   크리스토퍼 맥고원, 『공룡』, 이양준, 이지북, 2005, p.39

16   『비주얼 공룡사전(Newton Highlight)』, (주)아이뉴턴, 2017, p.93

17   『비주얼 공룡사전(Newton Highlight)』, (주)아이뉴턴, 2017, pp.92-93

18   피터 워드, 『진화의 키, 산소 농도』, 김미선, 뿌리와 이파리, 2017, p.157

19   사이먼 레일보, 『동물의 운동능력에 관한 거의 모든 것』, 김지원, 이케이북, 2019, p.191

20   피터 워드, 『진화의 키, 산소 농도』, 김미선, 뿌리와 이파리, 2017, p.157

21   피터 워드, 『진화의 키, 산소 농도』, 김미선, 뿌리와 이파리, 2017, p.208

22   피터 워드, 『진화의 키, 산소 농도』, 김미선, 뿌리와 이파리, 2017, p.213

23   피터 워드, 『진화의 키, 산소 농도』, 김미선, 뿌리와 이파리, 2017, p.158

24   크리스토퍼 맥고원, 『공룡』, 이양준, 이지북, 2005, p.160

25 크리스토퍼 맥고원, 『공룡』, 이양준, 이지북, 2005, p.159

26 크리스토퍼 맥고원, 『공룡』, 이양준, 이지북, 2005, p.161

27 이융남, 『공룡학자 이융남 박사의 공룡대탐험』, 창비, 2011, p.24

28 David Norman, 『동물대백과: 공룡』, 오창영 외, X아카데미서적, p.188

29 박진영, 『박진영의 공룡 열전』, 뿌리와 이파리, 2015, p.290

30 박진영, 『박진영의 공룡 열전』, 뿌리와 이파리, 2015, p.302

31 두걸 딕슨, 『캄프토사우루스 미식 기행』, 장성주, 함께 읽는 책, 2013, p.152

32 두걸 딕슨, 『캄프토사우루스 미식 기행』, 장성주, 함께 읽는 책, 2013, p.152

33 두걸 딕슨, 『캄프토사우루스 미식 기행』, 장성주, 함께 읽는 책, 2013, p.152

34 이정모, 『250만분의 1』, 나무나무출판사, 2018, p.21

35 아드리안 데스몬드 『공룡은 온혈동물?』, 이병호, 전파과학사, 1996, p.211

36 아드리안 데스몬드 『공룡은 온혈동물?』, 이병호, 전파과학사, 1996, p.211

37 일본뉴턴프레스, 『공룡의 시대』, 뉴턴코리아, 2009, p.56

38 일본뉴턴프레스, 『공룡의 시대』, 뉴턴코리아, 2009. p.57

39 일본뉴턴프레스, 『공룡의 시대』, 뉴턴코리아, 2009. p.57

40 폴 휴이트, 『수학 없는 물리(7판)』, 엄정인 외, 에드텍, 1998, p.192

41 후쿠다 요시오, 『공룡은 어떤 생물이었나』, 안용근, 전파과학사, 1989, p.72

42 후쿠다 요시오, 『공룡은 어떤 생물이었나』, 안용근, 전파과학사, 1989, p.72

43 후쿠다 요시오, 『공룡은 어떤 생물이었나』, 안용근, 전파과학사, 1989, p.73

44 크리스토퍼 맥고원, 『공룡』, 이양준, 이지북, 2005, p.142

45 존 로이드 외, 『동물 상식을 뒤집는 책』, 전대호, 해나무, 2011, p.104

46 크리스토퍼 맥고원, 『공룡』, 이양준, 이지북, 2005, p.143

47 사네요시 타츠오, 『아무도 모르는 동물들의 별난 이야기』, 이치사이언스, 2009, p.17

48 사네요시 타츠오, 『아무도 모르는 동물들의 별난 이야기』, 이치사이언스, 2009, p.16

49 크리스토퍼 맥고원, 『공룡』, 이양준, 이지북, 2005, p.163

50 크리스토퍼 맥고원, 『공룡』, 이양준, 이지북, 2005, p.163

51 크리스토퍼 맥고원, 『공룡』, 이양준, 이지북, 2005, p.163

52 송지영, 『화석』, 시그마프레스(주), 2003, p.246

53 송지영, 『화석』, 시그마프레스(주), 2003, p.246

54 크리스토퍼 맥고원, 『공룡』, 이양준, 이지북, 2005, p.144

55 크리스토퍼 맥고원, 『공룡』, 이양준, 이지북, 2005, p.144

56 NHK 공룡프로젝트팀, 『공룡 인간을 디자인하다』, 이근아, 북멘토, 2007, p.97

57 NHK 공룡프로젝트팀, 『공룡 인간을 디자인하다』, 이근아, 북멘토, 2007, p.98

58 NHK 공룡프로젝트팀, 『공룡 인간을 디자인하다』, 이근아, 북멘토, 2007, p.103

59 소어 핸슨, 『깃털』, 하윤숙, 에이도스, 2013, p.152

60 소어 핸슨, 『깃털』, 하윤숙, 에이도스, 2013, p.152

61 피터 워드, 『진화의 키, 산소 농도』, 김미선, 뿌리와 이파리, 2017, p.224

62 최형선, 『낙타는 왜 사막으로 갔을까』, 부키, 2011, p.215

63 최형선, 『낙타는 왜 사막으로 갔을까』, 부키, 2011, p.215

64 소어 핸슨, 『깃털』, 하윤숙, 에어도스, 2013, p.152

65 David Norman, 『동물대백과: 공룡』, 오창영 외, X아카데미서적, p.106

66 존 로이드 외 『동물 상식을 뒤집는 책』, 전대호, 해나무, 2011, p.151

67 크리스토퍼 맥고원, 『공룡』, 이양준, 이지북, 2005, p.138

68 크리스토퍼 맥고원, 『공룡』, 이양준, 이지북, 2005, p.139

69 이융남, 『공룡학자 이융남 박사의 공룡대탐험』, 창비, 2011, p.21

70 크리스토퍼 맥고원, 『공룡』, 이양준, 이지북, 2005, p.139

71 존 로이드 외, 『동물 상식을 뒤집는 책』, 전대호, 해나무, 2011, pp.150-151

72 존 로이드 외, 『동물 상식을 뒤집는 책』, 전대호, 해나무, 2011, pp.150-151

73 존 로이드 외, 『동물 상식을 뒤집는 책』, 전대호, 해나무, 2011, pp.150-151

74 김영화, 『우리 공룡 이야기』, 이담, 2012, p.73

75 아드리안 데스몬드, 『공룡은 온혈동물?』, 이병호, 전파과학사, 1996, p.129

76 유정아, 『한반도 30억 년의 비밀』, 푸른숲, 2006, p.91

77 이항재 외, 『 티라노사우루스』, 한국지질자원연구원, 2007, p.41

78 『비주얼 공룡사전(Newton Highlight)』, (주)아이뉴턴, 2017, p.97

79 『비주얼 공룡사전(Newton Highlight)』, (주)아이뉴턴, 2017, p.93

80 『비주얼 공룡사전(Newton Highlight)』, (주)아이뉴턴, 2017, pp.92-93

81 이항재 외, 『티라노사우루스』, 한국지질자원연구원, 2007, p.10

82 이항재 외, 『티라노사우루스』, 한국지질자원연구원, 2007, p.29

83 이항재 외, 『티라노사우루스』, 한국지질자원연구원, 2007, p.29

84 패트리샤 반스스바니 외, 『한 권으로 끝내는 공룡』, 이아린, Gbrain, 2013, p.238

85 허민, 『공룡의 나라 한반도』, ㈜사이언스북스, 2016, p.98

86 이항재 외, 『티라노사우루스』, 한국지질자원연구원, 2007, p.25

87 정주영, 『포식자: 박테리아에서 인간까지』, 전파과학사, 2018, p.212

88 정주영, 『포식자: 박테리아에서 인간까지』, 전파과학사, 2018, p.213

89 스콧 샘슨, 『공룡 오디세이』, 김명주, 뿌리와 이파리, 2011, p.217

90 스콧 샘슨, 『공룡 오디세이』, 김명주, 뿌리와 이파리, 2011, p.223

91 스콧 샘슨, 『공룡 오디세이』, 김명주, 뿌리와 이파리, 2011, p.289

92 모토카와 다쓰오, 『코끼리의 시간, 쥐의 시간』, 이상대, 김영사, 2018, p.77

93 모토카와 다쓰오, 『코끼리의 시간, 쥐의 시간』, 이상대, 김영사, 2018, p.68

94 박진영, 『박진영의 공룡 열전』, 뿌리와 이파리, 2015, p.226

95 이융남, 『공룡학자 이융남 박사의 공룡대탐험』, 창비, 2011, p.39

96 David Norman, 『동물대백과: 공룡』, 오창영 외, X아카데미서적, p.16

97 크리스토퍼 맥고원, 『공룡』, 이양준, 이지북, 2005, p.46

98 David Norman, 『동물대백과: 공룡』, 오창영 외, X아카데미서적, p.16

99 크리스토퍼 맥고원, 『공룡』, 이양준, 이지북, 2005, p.46

100 『비주얼 공룡사전(Newton Highlight)』, (주)아이뉴턴, 2017, p.91

101 『비주얼 공룡사전(Newton Highlight)』, (주)아이뉴턴, 2017, p.90

102 David Norman, 『동물대백과: 공룡』, 오창영 외, X아카데미서적, p.151

103 김동희, 『화석이 말을 한다면』, 사이언스북스, 2011, p.64

104 리처드 포티, 『삼엽충』, 이한음, 뿌리와 이파리, 2011, p.124

105 리처드 포티, 『삼엽충』, 이한음, 뿌리와 이파리, 2011, p.91

106 리처드 포티, 『삼엽충』, 이한음, 뿌리와 이파리, 2011, p.91

107 리처드 포티, 『삼엽충』, 이한음, 뿌리와 이파리, 2011, p.91

108 김동희, 『화석이 말을 한다면』, 사이언스북스, 2011, p.158

109 장순근, 『화석은 살아 있다』, 도서출판 가람기획, 2013, p.119

110 팀헤인즈, 『공룡대탐험』, 허민, 사이언스북스, 2009, p.127

111 이융남, 『공룡학자 이융남 박사의 공룡대탐험』, 창비, 2011, p.87

112 매슈 F.보넌, 『뼈 그리고 척추동물의 진화』, 황미영, 뿌리와 이파리, 2018, p.474

113 David Norman, 『동물대백과: 공룡』, 오창영 외, X아카데미서적, p.110

114 팀헤인즈, 『고대야생동물 대탐험』, 김혜원, 사이언스북스, 2003, p.131

115 허민, 『공룡의 나라 한반도』, ㈜사이언스북스, 2016, p.77

116 허민, 『공룡의 나라 한반도』, ㈜사이언스북스, 2016, p.77

117 스콧 샘슨, 『공룡 오디세이』, 김명주, 뿌리와 이파리, 2011, p.293

118 스콧 샘슨, 『공룡 오디세이』, 김명주, 뿌리와 이파리, 2011, p.293

119 스콧 샘슨, 『공룡 오디세이』, 김명주, 뿌리와 이파리, 2011, p.293

120 모토카와 다쓰오, 『코끼리의 시간, 쥐의 시간』, 이상대, 김영사, 2018, p.21

121 최형선, 『낙타는 왜 사막으로 갔을까』, 부키, 2011, p.218

122 모토카와 다쓰오, 『코끼리의 시간, 쥐의 시간』, 이상대, 김영사, 2018, p.21

123 크리스토퍼 맥고원, 『공룡』, 이양준, 이지북, 2005, p.150

124 패트리샤 반스스바니 외, 『한 권으로 끝내는 공룡』, 이아린, Gbrain, 2013, p.217

125 박진영, 『박진영의 공룡 열전』, 뿌리와 이파리, 2015, p.37

126 이융남, 『공룡학자 이융남 박사의 공룡대탐험』, 창비, 2011, p.16

127 윤철수, 『한국의 화석』, 시그마프레스, 2005, p.171

128 윤철수, 『한국의 화석』, 시그마프레스, 2005, p.159

129 이융남, 『공룡학자 이융남 박사의 공룡대탐험』, 창비, 2011, p.21

130 아드리안 데스몬드, 『공룡은 온혈동물?』, 이병호, 전파과학사, 1996, p.312

131 아드리안 데스몬드, 『공룡은 온혈동물?』, 이병호, 전파과학사, 1996, p.312

132 아드리안 데스몬드, 『공룡은 온혈동물?』, 이병호, 전파과학사, 1996, p.312

133 크리스토퍼 맥고원,『공룡』, 이양준, 이지북, 2005, p.375

134 아드리안 데스몬드,『공룡은 온혈동물?』, 이병호, 전파과학사, 1996, p.330

135 소어 핸슨,『깃털』, 하윤숙, 에이도스, 2013, p.148

136 소어 핸슨,『깃털』, 하윤숙, 에이도스, 2013, p.151

137 소어 핸슨,『깃털』, 하윤숙, 에이도스, 2013, p.151

138 존 로이드 외,『동물 상식을 뒤집는 책』, 전대호, 해나무, 2011, p.197

139 존 로이드 외,『동물 상식을 뒤집는 책』, 전대호, 해나무, 2011, p.197

140 도널드R.프로세로,『화석은 말한다』, 류운, 바다출판사, 2019, p.217

141 도널드R.프로세로,『화석은 말한다』, 류운, 바다출판사, 2019, p.217

142 피터 워드,『진화의 키, 산소 농도』, 김미선, 뿌리와 이파리, 2017, p.255

143 이종호,『역사로 여는 과학문화유산 답사기 4』, 북카라반, 2017, p.280

144 이종호,『역사로 여는 과학문화유산 답사기 4』, 북카라반, 2017, p.226

145 존 로이드 외,『동물 상식을 뒤집는 책』, 전대호, 해나무, 2011, p.67

146 존 로이드 외,『동물 상식을 뒤집는 책』, 전대호, 해나무, 2011, p.67

147 존 로이드 외,『동물 상식을 뒤집는 책』, 전대호, 해나무, 2011, p.67

148 송지영,『화석』, 시그마프레스(주), 2003, p.92

149 송지영,『화석』, 시그마프레스(주), 2003, p.92

150 소어 핸슨,『깃털』, 하윤숙, 에이도스, 2013, p.125

151 소어 핸슨,『깃털』, 하윤숙, 에이도스, 2013, p.181

152 더글라스 파머,『35억 년 지구생명체의 역사』, 강주헌, 예담, 2010, p.170

153 더글라스 파머,『35억 년 지구생명체의 역사』, 강주헌, 예담, 2010, p.166

154 더글라스 파머,『35억 년 지구생명체의 역사』, 강주헌, 예담, 2010, p.169

155 이융남,『공룡학자 이융남 박사의 공룡대탐험』, 창비, 2011, p.48

156 더글라스 파머,『35억 년 지구생명체의 역사』, 강주헌, 예담, 2010, p.146

157 더글라스 파머,『35억 년 지구생명체의 역사』, 강주헌, 예담, 2010, p.174

158 장순군,『망치를 든 지질학자』, 가람기획, 2001, p.187

159 그레이엄 핸콕,『신의 지문』, 이경덕, 까치, 2011, p.267,

『DK 공룡: 어린이와 청소년을 위한 대백과』, 장지은 외, 드림피그, 2011, p.241

160 더글라스 파머, 『35억 년 지구생명체의 역사』, 강주헌, 예담, 2010, p.138

161 그레이엄 핸콕, 『신의 지문』, 이경덕, 까치, 2011, p.271

162 딕몰 외, 『북해의 검치호랑이』, 송지영, 시그마북스, 2010, pp.66-68

163 딕몰 외, 『북해의 검치호랑이』, 송지영, 시그마북스, 2010, pp.52-53

164 딕몰 외, 『북해의 검치호랑이』, 송지영, 시그마북스, 2010, p.70

165 딕몰 외, 『북해의 검치호랑이』, 송지영, 시그마북스, 2010, p.93

166 딕몰 외, 『북해의 검치호랑이』, 송지영, 시그마북스, 2010, p.134

도널드R.프로세로, 『공룡 이후』, 김정은, 뿌리와 이파리, 2013, p.385

167 딕몰 외, 『북해의 검치호랑이』, 송지영, 시그마북스, 2010, pp.60-61

168 도널드R.프로세로, 『공룡 이후』, 김정은, 뿌리와 이파리, 2013, p.230

169 도널드R.프로세로, 『공룡 이후』, 김정은, 뿌리와 이파리, 2013, p.230

170 송지영, 『신생대 최강의 포식자 검치호랑이』, 시그마프레스, 2007, p.117

171 송지영, 『신생대 최강의 포식자 검치호랑이』, 시그마프레스, 2007, p.117

172 송지영, 『신생대 최강의 포식자 검치호랑이』, 시그마프레스, 2007, p.192

173 송지영, 『신생대 최강의 포식자 검치호랑이』, 시그마프레스, 2007, p.194

174 송지영, 『신생대 최강의 포식자 검치호랑이』, 시그마프레스, 2007, p.156

175 송지영, 『신생대 최강의 포식사 검치호랑이』, 시그마프레스, 2007, p.241

176 송지영, 『신생대 최강의 포식자 검치호랑이』, 시그마프레스, 2007, p.243

177 딕몰 외, 『북해의 검치호랑이』, 송지영, 시그마북스, 2010, p.97

178 박수현, 『재미있는 바다 생물 이야기』, 추수밭, 2006, p.303

179 딕몰 외, 『북해의 검치호랑이』, 송지영, 시그마북스, 2010, p.80

180 송지영, 『신생대 최강의 포식자 검치호랑이』, 시그마프레스, 2007, p.72

181 송지영, 『신생대 최강의 포식자 검치호랑이』, 시그마프레스, 2007, p.249

182 딕몰 외, 『북해의 검치호랑이』, 송지영, 시그마북스, 2010, pp.44,57

183 마이클J.벤턴 지음, 『대멸종』, 류운, 뿌리와 이파리, 2015, p.294

184 피터 워드, 『진화의 키, 산소 농도』, 김미선, 뿌리와 이파리, 2017, p.261

185 더글러스 팔머, 『지구100 EARTH2』, 김지원, 청아출판사, 2018, p.45

186 그레이엄 핸콕, 『신의 지문』, 이경덕, 까치, 2011, p.262

187 팀헤인즈, 『고대야생동물』, 김혜원, 사이언스북스, 2003, p.236

188 그레이엄 핸콕, 『신의 지문』, 이경덕, 까치, 2011, p.263

189 그레이엄 핸콕, 『신의 지문』, 이경덕, 까치, 2011, p.264

190 그레이엄 핸콕, 『신의 지문』, 이경덕, 까치, 2011, p.265

191 마크 라이너스, 『6도의 멸종』, 이한중, 세종서적, 2017, p.240

192 마크 라이너스, 『6도의 멸종』, 이한중, 세종서적, 2017, p.240

193 안인영, 『극지과학자가 들려주는 남극의 사계』, 지식노마드, 2017, p.25

194 이융남, 『공룡학자 이융남 박사의 공룡대탐험』, 창비, 2011, p.174

195 폴 바렛, 『공룡의 종류』, 이융남, 다림, 2009, p.34

196 더글라스 파머 외, 『비주얼로 보는 생명의 역사, 선사시대』, 이주혜, 21세기북스, 2011, p.219

197 John Grotziger 외, 『지구의 이해』, 조석주, 시그마프레스, 2011, p.138

198 마크 라이너스, 『6도의 멸종』, 이한중, 세종서적, 2017, p.316

199 문희수, 『살아 있는 행성 지구』, 자유아카데미, 2008, p.229

200 장순근, 『망치를 든 지질학자』, 가람기획, 2001, p.77

201 장순근, 『망치를 든 지질학자』, 가람기획, 2001, p.77

202 앤드류 바이어트 외, 『아름다운 바다』, 김웅서, 사이언스북스, 2009, p.27

203 앤드류 바이어트 외, 『아름다운 바다』, 김웅서, 사이언스북스, 2009, p.27

204 John Grotziger 외, 『지구의 이해』, 조석주, 시그마프레스, 2011, p.129

205 Graham R. Thompson 외, 『지구시스템 과학Ⅱ』, 윤일희 외, 북스힐, 2012, p.39

206 Graham R. Thompson 외, 『지구시스템 과학Ⅱ』, 윤일희 외, 북스힐, 2012, p.40

207 앤드류 바이어트 외, 『아름다운 바다』, 김웅서, 사이언스북스, 2009, p.346

208 이영주외, 『동해탐사와 우리의 미래 해저 자원 탐험』, p.12

209 리처드 포티, 『살아 있는 지구의 역사』, 이한음, 까치, 2012, p.196

210 리처드 포티, 『살아 있는 지구의 역사』, 이한음, 까치, 2012, p.198

211 더글러스 팔머, 『지구100 EARTH1』, 김지원, 청아출판사, 2018, p.162

212 리처드 포티, 『살아 있는 지구의 역사』, 이한음, 까치, 2012, p.305

213 리처드 포티, 『살아 있는 지구의 역사』, 이한음, 까치, 2012, p.296

214 John Grotziger 외, 『지구의 이해』, 조석주, 시그마프레스, 2011, p.335

215 더글러스 팔머, 『지구100 EARTH1』, 김지원, 청아출판사, 2018, p.165

216 리처드 포티 『살아 있는 지구의 역사』, 이한음, 까치, 2012, p.456

217 리처드 포티 『살아 있는 지구의 역사』, 이한음, 까치, 2012, p.456

218 Graham R. Thompson 외, 『지구시스템 과학 I 』, 윤일희 외, 북스힐, 2012, p.167

219 Graham R. Thompson 외, 『지구시스템 과학 I 』, 윤일희 외, 북스힐, 2012, p.182

220 Graham R. Thompson 외, 『지구시스템 과학 I 』, 윤일희 외, 북스힐, 2012, p.206

221 월터 앨버레즈, 『이 모든 것을 만든 기막힌 우연들』, 이강환 외, 아르테, 2018, p.153

222 Graham R. Thompson 외, 『지구시스템 과학 I 』, 윤일희 외, 북스힐, 2012, p.210

223 Graham R. Thompson 외, 『지구시스템 과학 I 』, 윤일희 외, 북스힐, 2012, p.210

224 더글러스 팔머, 『지구100 EARTH2』, 김지원, 청아출판사, 2018, p.58

225 Graham R. Thompson 외, 『지구시스템 과학 I 』, 윤일희 외, 북스힐, 2012, p.50

226 리처드 포티 『살아 있는 지구의 역사』, 이한음, 까치, 2012, p.468

227 리처드 포티 『살아 있는 지구의 역사』, 이한음, 까치, 2012, p.468

228 서무송, 『카르스트지형과 동굴연구』, 푸른길, 2010, p.20

229 Graham R. Thompson 외, 『지구시스템 과학 I 』, 윤일희 외, 북스힐, 2012, p.47

230 리처드 포티, 『살아 있는 지구의 역사』, 이한음, 까치, 2012, p.175

231 리처드 포티, 『살아 있는 지구의 역사』, 이한음, 까치, 2012, p.400

232 리처드 포티, 『살아 있는 지구의 역사』, 이한음, 까치, 2012, p.401

233 리처드 포티, 『살아 있는 지구의 역사』, 이한음, 까치, 2012, p.175

234 리처드 포티, 『살아 있는 지구의 역사』, 이한음, 까치, 2012, p.176

235 리처드 포티, 『살아 있는 지구의 역사』, 이한음, 까치, 2012, p.177

236 오코우치 나오히코, 『얼음의 나이』, 윤혜원, 계단, 2013, p.76

237 오코우치 나오히코, 『얼음의 나이』, 윤혜원, 계단, 2013, p.76

238 오코우치 나오히코, 『얼음의 나이』, 윤혜원, 계단, 2013, p.77

239 오코우치 나오히코, 『얼음의 나이』, 윤혜원, 계단, 2013, p.77

240 문희수, 『살아 있는 행성, 지구』, 자유아카데미, 2008, p.329

241 문희수, 『살아 있는 행성, 지구』, 자유아카데미, 2008, p.329

242 오코우치 나오히코, 『얼음의 나이』, 윤혜원, 계단, 2013, p.78

243 오코우치 나오히코, 『얼음의 나이』, 윤혜원, 계단, 2013, p.79

244 일본뉴턴프레스, 『세계자연유산』, 뉴턴코리아, 2013, p.70

245 리처드 포티『살아 있는 지구의 역사』, 이한음, 까치, 2012, p.477

246 리처드 포티『살아 있는 지구의 역사』, 이한음, 까치, 2012, p.477

247 유정아, 『한반도 30억 년의 비밀』, 푸른숲, 2006, p.177

248 유정아, 『한반도 30억 년의 비밀』, 푸른숲, 2006, p.178

249 유정아, 『한반도 30억 년의 비밀』, 푸른숲, 2006, p.178

250 김영호, 『베게너의 지구』, 나무와 숲, 2018, p.83

251 김영호, 『베게너의 지구』, 나무와 숲, 2018, p.83

252 피터 브래넌, 『대멸종 연대기』, 김미선, 흐름출판, 2019, p.283

253 매튜 헤드만, 『모든 것의 나이』, 박병철, 살림, 2010, p.105

254 매튜 헤드만, 『모든 것의 나이』, 박병철, 살림, 2010, p.105

255 매튜 헤드만, 『모든 것의 나이』, 박병철, 살림, 2010, p.162

256 매튜 헤드만, 『모든 것의 나이』, 박병철, 살림, 2010, p.163

257 팀헤인즈, 『고대야생동물 대탐험』, 김혜원, 사이언스북스, 2003, p.153

258 팀헤인즈, 『고대야생동물 대탐험』, 김혜원, 사이언스북스, 2003, p.153

259 딕몰 외, 『북해의 검치호랑이』, 시그마북스, 2010, p.52

260 팀헤인즈, 『고대야생동물 대탐험』, 김혜원, 사이언스북스, 2003, p.151

261 도널드R.프로세로, 『공룡 이후』, 김정은, 뿌리와 이파리, 2013, p.234

262 도널드R.프로세로, 『공룡 이후』, 김정은, 뿌리와 이파리, 2013, p.234

263 심원, 『청소년을 위한 종의 기원』, 두리미디어, 2011, p317

264 R.J.Berry, 『동물대백과18』, 아카데미서적, 1995, p130

265 폴 콜린보, 『왜 크고 사나운 동물은 희귀한가』, 김홍옥, 에코리브르, p.194

266   Brian K.Hall 『진화학 원리 그리고 과정』, 김경호 외, 홍릉과학출판사, 2015, p.274

267   도널드R.프로세로, 『화석은 말한다』, 류운, 바다출판사, 2019. p.242

268   도널드R.프로세로, 『화석은 말한다』, 류운, 바다출판사, 2019. p.242

269   사이먼 레일보, 『동물의 운동능력에 관한 거의 모든 것』, 김지원, 이케이북, 2019, p.82

270   사이먼 레일보, 『동물의 운동능력에 관한 거의 모든 것』, 김지원, 이케이북, 2019, p.79

271   사이먼 레일보, 『동물의 운동능력에 관한 거의 모든 것』, 김지원, 이케이북, 2019, p.250

카르노타우르스가 초식물?

© 전선영, 2020

개정판 1쇄 발행 2020년 4월 29일

지은이   전선영
펴낸이   이기봉
편집   좋은땅 편집팀
펴낸곳   도서출판 좋은땅
주소   서울 마포구 성지길 25 보광빌딩 2층
전화   02)374-8616~7
팩스   02)374-8614
이메일   gworldbook@naver.com
홈페이지   www.g-world.co.kr

ISBN   979-11-6536-300-0 (43450)

이 도서의 국립중앙도서관 출판예정도서목록(CIP)은 서지정보유통지원시스템 홈페이지(http://seoji.nl.go.kr)와 국가자료공동목록시스템(http://www.nl.go.kr/kolisnet)에서 이용하실 수 있습니다. (CIP제어번호 : CIP2020014356)